矿用刮板输送机中部槽磨损特性与预测

Wear Characteristics and Prediction of Scraper Conveyor Chute

夏 蕊 著

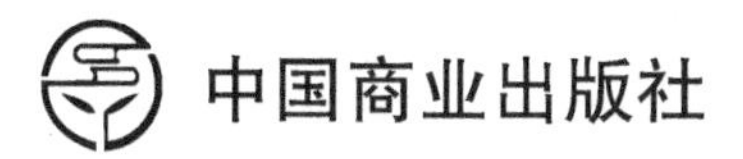

中国商业出版社

图书在版编目(CIP)数据

矿用刮板输送机中部槽磨损特性与预测/夏蕊著.
--北京:中国商业出版社,2021.1
ISBN 978-7-5208-1516-1

Ⅰ.①矿…　Ⅱ.①夏…　Ⅲ.①矿山机械—刮板输送机
—电磨—研究　Ⅳ.①TD63

中国版本图书馆 CIP 数据核字(2020)第 252337 号

责任编辑:管明林

※
中国商业出版社出版发行
(100053 北京广安门内报国寺 1 号)
010-63180647 www.c-cbook.com
新华书店经销
北京虎彩文化传播有限公司
*
710 毫米×1000 毫米　16 开　9 印张　166 千字
2021 年 1 月第 1 版　2021 年 1 月第 1 次印刷
定价:39.00 元
* * * * *

前言

中部槽是矿用刮板输送机的关键部件，其性能的优劣直接关系到刮板输送机的工作可靠性及使用寿命。近年来，有关中部槽的摩擦学问题研究多从单因素角度分析对于中部槽磨损的影响。然而，刮板输送机中部槽的运行工况复杂，影响磨损量的因素较多，对于多因素耦合作用影响研究十分必要。中部槽在运输过程中承受了来自煤、矸石、刮板链及刮板的摩擦作用及冲击，磨损过程中受到煤散料、中板材质及工况等多因素的制约，严重的磨损失效及断裂，极易引发恶性事故。因此，开展多因素耦合作用下中部槽磨损特性研究，进而对中部槽磨损量进行预测，对于煤矿因地选材，确保煤矿安全生产，提高经济与社会效益都具有重要意义。

本书针对以上问题，基于磨损试验及离散元法对中部槽的磨损特性进行了研究。本书的主要研究成果为：

(1)针对中部槽磨损形式，设计并制造了磨损试验台。在传统销轴式磨损试验机基础上，上试样模拟刮板运行并加工成斜角形式，下试样模拟中板运行加工成圆弧形并固定于料槽表面，装满煤散料的料槽在电动机带动下转动模拟散料的运动。

(2)针对多因素影响下中部槽磨损试验研究，通过 Plackett-Burman(PB)试验筛选出显著性因素：含水率、含矸率、法向载荷，结合中心复合试验(Center Composite Design，CCD)，研究显著性因素之间的耦合作用，表明含水率与含矸率、含水率与磨损行程的耦合作用会加剧中部槽磨损，并得到磨损量回归预测模型。

(3)研究不同工况作用下，不同硬度中板的磨损情况，表明在含水率及含矸率较大工况下，提高中板硬度可以有效改进磨损。基于因素交互试验，获得改进的 Archard 磨损量预测经验模型，相比于传统的 Archard 模型预测精度更高。

(4)针对含湿煤散料的离散元微观参数进行测定及标定。试验测定结果表明随着煤颗粒含水率增大，煤—煤恢复系数、煤—钢恢复系数逐渐减小，煤—钢静摩擦系数逐渐增大。标定试验结果表明影响含湿物料堆积角的显著性因素为煤—煤表面能、煤—煤滚动摩擦系数、煤-煤静摩擦系数，而煤-钢的滚动摩擦系数影响可忽略。

(5)针对煤的物理性质对中部槽磨损的离散元仿真表明，磨损深度与泊松比、剪切模量、密度呈正相关性。

(6)针对中部槽磨损量预测研究表明，采用机器学习算法 GS-SVM 所建模型具有更高的预测精度。

本书介绍了作者在应用试验及离散元法研究中部槽磨损中的一些经验，总结了作者在该领域研究中所取得的最新研究成果，期望为从事该方面研究的学者以及研究生提供帮助。

借本书出版之际，作者要特别感谢自己的博士生导师太原理工大学杨兆建教授，太原理工大学王学文教授在本书撰写和出版过程中给予的悉心指导。同时感谢太原理工大学庞新宇老师、张耀成老师、李娟莉老师在试验过程中的悉心指导和无私帮助，感谢谢嘉成博士、李峰博士和李铁军、未星、赵保林、张沛林、李宁、庞尚忠、杨亮亮等硕士在作者课题研究期间所给予的大力支持！

由于作者的知识水平有限，书中难免有不妥之处，恳请读者批评指正。

夏　蕊

2020 年 12 月

目 录

第1章
绪　　论

1.1 引　　言

在中国70%以上的电力资源需要煤来提供，煤炭资源依然以其高密度、低成本和易燃性等优点，在生活生产中发挥重要作用[1]。中国90%以上的煤矿生产作业是在地下进行，生产设备工作环境恶劣、工况条件苛刻、运行时间长、润滑条件差，因此，煤矿机械磨损失效现象极其严重[2]。工作面刮板输送机作为煤炭生产中的重要运输设备，是实现采煤工作面运、装、卸煤的机械化、自动化的基本保证。在长期的运行过程中，刮板输送机受到摩擦作用导致严重磨损，由此引发的设备故障和安全事故时有发生，给维修及保养带来极大困难，经济成本消耗巨大[3,4]。

中部槽作为刮板输送机的核心部件，在运输过程中承受了来自煤、矸石、刮板链及刮板的剧烈磨损，中部槽的磨损及断裂（图1-1）是造成刮板输送机失效的主要原因之一，其抗磨损性能直接影响刮板输送机的使用寿命和可靠性。

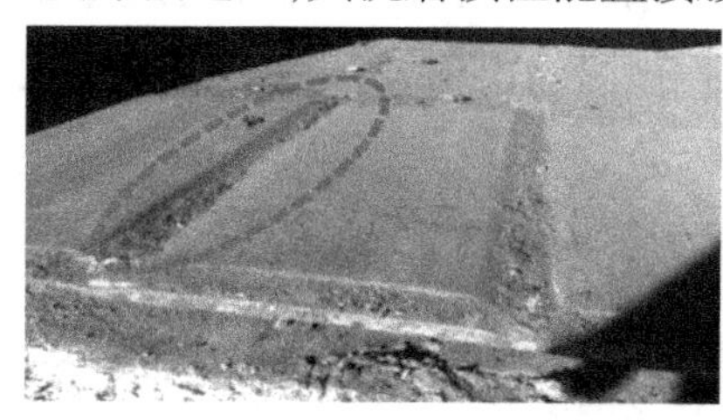

图1-1　中部槽磨损失效

近年来,有关中部槽的摩擦学问题研究多从单因素角度分析对于中部槽磨损的影响,然而,刮板输送机中部槽的运行工况复杂,影响磨损的因素较多,磨损过程中受到煤散料、中板材质及工况等多因素的制约,因此,对于多因素耦合作用影响研究十分必要。

1.2 研究背景、目的与意义

中部槽作为刮板输送机的主要结构,占总造价的约60%[5],近年中国煤炭工业协会统计数据显示,在我国,每年因磨损失效而报废的中部槽高达数十万节,加上停产检修及维修损失,耗费高达数十亿元人民币。另外,还有因中部槽磨损引发的停工,严重的还会造成重大的安全事故。因此研究中部槽的磨损失效对于煤矿高产、高效和安全生产具有十分重要的意义。国内外关于中部槽磨损的研究主要以新型耐磨材料选用、生产加工工艺改进、中板表面耐磨处理及结构形式改进为主,关于中部槽摩擦学问题的研究,包括磨损规律、磨损机理等则涉及较少,故而,进行中部槽摩擦学基础研究迫在眉睫。

目前,关于磨损的研究方法主要以试验为主,而针对煤矿机械的磨损问题,受到井下复杂条件、安全性无法保障等限制,实际的磨损试验无法开展。根据刮板输送机的工作原理,基于磨损理论研制试验机,进行实验室试验,将中部槽的磨损问题放到可操作的水平,为磨损规律及磨损机理的研究提供了便利条件。磨损问题复杂而庞杂,其中涉及的不可控因素及变量较多,仅依靠试验研究需要耗费大量的人力、物力及财力,而采用模拟仿真手段可为磨损研究提供便利[6]。通过离散元法进行中部槽磨损仿真研究,一方面可以很好模拟实际工程应用,另一方面可以有效节省研究成本。但目前磨损仿真研究仍然存在着仿真模型预测结果与实际预测差距较大、模型过于简化导致精度不高以及缺乏可靠的仿真微观参数等问题。

刮板输送机的使用寿命,与中部槽的磨损息息相关。如果在开发中部槽摩擦副之前,能预测或提前计算中部槽的摩擦磨损情况、优化摩擦副性能,将有效延长服役时间及减少维修费用。中部槽磨损受到多因素的制约,磨损量与磨损因素之间复杂的非线性关系,使得磨损的定量化研究难度较大。通过模拟工况试验，研究多因素下的磨损规律，获得磨损量经验模型，或者基于磨损试验数据，借助非线性理论方法，获得磨损预测模型，都将为解决中部槽磨损定量化问题提供可能。

本书基于中部槽摩擦学系统分析，设计中部槽磨损试验台，研究多因素耦合作用下中部槽的磨损规律及磨损机理；对实际的煤散料接触参数进行测量及标定，基于标定结果采用 RecurDyn 及 EDEM 耦合建立磨损仿真模型，研究煤的物理性质对中部槽磨损的影响；建立刮板输送机离散元磨损模型，研究矿井环境对磨损的影响；基于磨损试验数据，结合机器学习算法进行中部槽磨损量预测研究。本书弥补了中部槽摩擦学在磨损理论分析中的不足，为中部槽因地选材提供理论依据，对于今后中部槽磨损失效研究具有重要理论价值及广阔的市场应用前景。

1.3 国内外研究动态

1.3.1 中部槽磨损研究现状

1.3.1.1 刮板输送机的国内外发展现状

工作面刮板输送机于 1940 年由德国人发明，20 世纪 50 年代中期，英国研制出了与液压支架、滚筒采煤机配套的工作面刮板输送机。依靠圆环链条的可弯曲性及 E 型料槽的可靠性，使得刮板输送机一方面可以适应工作面底板的起伏，另一方面可以实现整体的弯曲移动[7]。工作面刮板输送机投入应用至今，各个部件及结构均经历了多种形式的变化。刮板链条形式从最初的单中链逐步发展为目前普遍采用的中双链、单中链紧凑式链条，从链条的受力、链型的可弯曲性等方面都有了长足进步。刮板输送机溜槽从最初的压制式逐步被整体铸焊及整体轧焊式取代，使得溜槽的强度、使用寿命及可靠性都有了显著提升。随着时代的进步和发展，大功率电动机、大规格链条、新型传动机构等先进结构应用到刮板输送机上，实现了工作面更加高产高效的生产。

我国第一台圆环链可弯曲刮板输送机研制于 1964 年，第一套综采工作面刮板输送机(边双链式)研制于1974年。20世纪80年代中期,随着多种型式的刮板输送机逐步研制成功,基本形成了槽宽为730mm及764mm两种系列,满足了当时的国内生产需求。1994年,整体轧焊式溜槽、交叉侧卸式刮板输送机逐步研发成功,标志着中国刮板输送机制造逐步接近世界先进水平。进入21世纪,我国自主研发的超重型3×1000、3×855刮板输送机设备,可以满足年产1000万t以上的工作面需求,多项技术已经达到国际先进水平,打破同类型产品一直以来对进口的依赖,对于我国建设大型高产、高效矿井具有重要意义。2011年,SGZ1400/3×1600超重型刮板输送机的研发成功,标志着我国在重型刮板输送机研发领域的又一次重大进步,可满足最高日产达4万t,年产超1200万t,采6~7m厚煤层综采配套要求。2018年1月世界首台8.8m智能大采高工作面刮板输送机成套设备在江苏天明机械集团有限公司正式下线,设备总装机功率6470kW,刮板机铺设长度361m,整机长度超过400m,最大过煤量可达每小时6000t。该项目的研制成功,进一步巩固了中国企业在国际高端刮板输送机成套设备领域的技术领先,引领行业技术前沿。张家口煤机设计的140/01ZC刮板输送机中部槽,总质量5017kg,规格2050mm×1400mm×435mm,联结强度达到4500kN,是目前世界上最大规格的矿用中部槽。该中部槽采用封底式溜槽,铲板与挡板槽帮均为整体铸造,采用了整体焊合后加工,80%实现全自动焊接,整体技术处于国内外领先水平,过煤量可达3500万t,能够满足高强度、高效率矿井的生产需要。

刮板输送机的发展趋势就是要紧跟综采机械化及采煤生产力的发展需求,逐步朝着长输送距离、大运输量、大直径圆环链、大中部槽、长使用寿命方向发展。

1.3.1.2 中部槽结构及材料改进研究现状

为了满足刮板输送机高强度的使用要求,提高中部槽使用寿命,诸多学者在中部槽结构形式、材料改进等方面开展了大量工作。

1. 槽帮的结构及材料改进

刮板输送机槽帮按照其断面形状的不同,可以分为D型、E型、M型三种类型。因槽帮钢是与中板焊接起来的,就整体焊接强度而言,E型断面效果更好,较多地应用于大型刮板输送机。另外从改善耐磨性的角度,相关厂商将E型结构优化为弧形结构,增大刮板与槽帮之间的接触面积,减少接触压力，一定程度上改善了槽帮的磨损[8]。传统的槽帮材料多采用ZG30MnSi，但由于强度韧性较低，耐磨性能不好，过煤量处于较低水平。为此，大多厂商在原槽帮化学成分的基础上，通过多种微量元素、复合制剂的配比添加，目前已开发出多种新型的耐磨槽帮材料。石家庄冀凯科技研发的高强度耐磨合金槽帮材料，相较于传统槽帮，使用寿命提高了3~5倍。通方煤机在改进化学元素配比的同时，调整了铸造的热处理工艺，将槽帮的强度提高25%，有效提高了槽帮的耐磨性能[9]。张家口煤机开发ZG30MnSiMoRe高强高韧槽帮用铸钢新材料，材料强度高达1000MPa以上，且因其选用合金元素多以储量大且价格低廉为主，具有低成本、高性能的综合优势[10]。为了提高槽帮的耐磨性能，有刮板输送机生产厂家采取直接在槽帮内腔堆焊耐磨层的方式。最新技术是在槽帮铸造时提前预留耐磨槽，在中部槽焊接前将耐磨槽填平，这样可以避免运行阻力的增大，同时有效提高槽帮的耐磨性。

2. 中板的材料选择

我国中部槽中板材料曾经长期采用16Mn钢热轧板，但随着整体工作面性能的提升，其摩擦磨损性能已不能满足使用寿命要求[11]。刘白等将中部槽材料16Mn钢热轧板改为40Mn2钢冷轧板，使用后磨损犁沟细而浅，没有粘着磨损，耐磨性能显著提高[12]。随着综采技术的发展，新型耐磨材料越来越多地应用于刮板输送机零部件的开发制造。主要集中在高、中、低碳耐磨合金钢系列，常用的有瑞钢的Hardox系列、德国迪林根400V与500V系列、日本JFE-EH400等。而国内舞阳钢厂、宝钢先后开发并生产的NM系列与B-HARD系列耐磨钢，各项性能指标接近国际先进水平[13]。Janusz等研究了Hardox450在刮板输送机上的应用，通过实验室摩擦试验，表明与高锰钢相比，Hardox450在制造工艺、耐磨性能、以及刮板链的磨损寿命方面都表现出更好的综合性能[14]。葛世荣等分析了某新型热轧中锰钢的抗冲击磨损性能，通过实际应用表明，该中锰钢的抗磨损性能优于Hardox450耐磨钢，可显著降低中部槽磨损，大幅度延长刮板输送机可靠运行寿命[5]。

上海宝钢特钢与天津威尔朗联合推出了具有强烈形变诱导硬化特性的新型中锰耐磨板BTW板。王斐通过摩擦磨损试验，研究了BTW板中锰奥氏体钢的耐磨性能，表明在相同试验条件下BTW钢与HD系列和JFE400钢相比，表现出更好的耐磨性，且硬质磨料对BTW的加工硬化作用显著[15]。汾西矿业集团将 BTW1 钢和 NM360 的中板分别在水峪煤矿、贺西煤矿、中兴煤业投入使用，结果表明采用 BTW1 钢耐磨效果提高 4 倍以上，降本增效的效果显著[16]。

中板的耐磨工艺改进方面，激光和等离子熔覆技术得到大力的推广。有厂商把合金粉末以网格状熔覆在材质为 16Mn 中板表面上，经磨损试验表明，熔覆后基体的磨损性能提高了 3.5 倍，但由于使用专业熔覆机床加工，使得中部槽制造成本相应增加[17,18]。

中部槽中板的磨损包含中板整体变薄以及链道下方出现与链条宽度相对应的“沟槽”。为了尽可能地延缓中板磨损，可更换复合中板技术应运而生。其将中板改为双层，上层为耐磨制件，下层为基础结构制件。上层耐磨件选择高硬度耐磨性能好的材质，下层基础件起支撑耐磨层和承接结构应力的作用，对于强度要求较高，但对耐磨性要求则相对较低。通过镶嵌复合中板结构，在保证中板耐磨性的前提下，提前预留再制造空间。降低生产成本，减轻再制造难度[19]。

1.3.1.3 中部槽磨损机理研究现状

国内外学者在改善中部槽耐磨性方面做了一定的理论及试验研究。

1. 中部槽磨损理论研究

经过多年的调研分析和总结，学者们普遍认为中部槽的磨损类型以磨料磨损为主，伴随有疲劳磨损、粘着磨损和腐蚀磨损[20]。中部槽磨损系统本身的复杂性，金属材料性能差别、磨料的性质（如硬度、尺寸、形状）、刮板链运行速度等，都会影响中部槽摩擦系统耐磨性。相关学者在磨损机制的分布规律方面进行了研究。

荆元昌等研究认为，中部槽的磨损量与其表面所受载荷之间，并不是线性关系，存在某一临界值，使得当载荷量小于这一临界值时，磨损形式以磨料磨损为主，高于临界值，会产生粘着磨损。由于高载荷使得金属直接接触，且金属对磨易产生高温形成粘着[21]。

邵荷生等则依据磨料与金属之间的硬度变化，把煤散料磨损划分为硬磨料磨损和软磨料磨损。经磨损试验分析认为，当处于硬磨料磨损时，煤硬度/材料硬度（Ha/Hm）值较大，以滚动碾压为主，相应的 Ha/Hm 较低时则以犁沟和切削为主。当处于软磨料磨损时，以散料中硬物质的划伤为主，可能发生疲劳磨损[22]。

Shi 等依据不同工况下中板磨损形貌变化特性,将中板与物料的摩擦过程划分为三种程度,包含轻度破坏、中度破坏以及重度破坏。其中轻度破坏区以磨粒磨损为主,中度区破坏以粘着磨损和腐蚀磨损为主,重度破坏区以疲劳磨损为主[23]。

2. 中部槽磨损试验研究

由于刮板输送机工作环境复杂,直接进行磨损试验研究存在较多阻碍,而为了更好地研究不同摩擦副材料的磨损特性,模拟工况试验应运而生。诸多学者选取不同形式的磨损试验设备,针对某种中板材质的耐磨性能进行了试验研究。

杨泽生等通过对 M-200(图 1-2(a))摩擦磨损试验机进行改装,以含水率为6%的煤泥作为磨料,试环材料选用16Mn,选用不同材料(超高分子量聚乙烯、浇筑尼龙、聚四氟乙烯和45 钢)模拟刮板,考察了不同材料副的摩擦系数和磨痕宽度,结果表明超高分子量聚乙烯表现出更好的耐磨特性,有可能替代传统的刮板材质[24]。梁绍伟等采用试验装置为 MFT-4000(图 1-2(b))往复摩擦试验仪,压头采用圆柱模拟刮板,对摩面采用16Mn 模拟中部槽,选取三种煤散料,包括褐煤、焦煤、无烟煤进行往复式三体磨损试验。研究表明磨损量会随正压力的增大而增大;另外磨损量的大小因磨料种类的不同表现为,无烟煤最大,焦煤次之,褐煤最小[25]。Shi 等[23]采用 MLS-225(图 1-2(c))湿砂半自由磨料磨损试验机,研究中板材料 NM400 与煤、矸石、水等混合物料之间的磨损关系,通过配比煤、矸石、水的比例进行磨料磨损试验,结果表明水、煤、矸石质量比为 3∶2∶1 时,中板磨损量最小;磨损量随滑动速度、接触压力和混合物料组分等影响因素的变化呈现一定的规律。

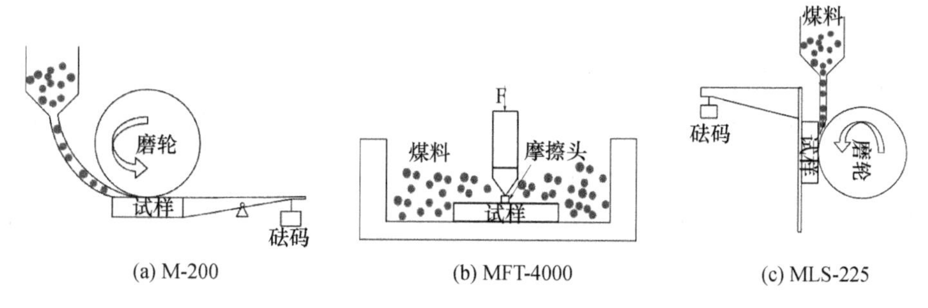

图 1-2 磨料磨损试验机

以上学者关于中部槽的模拟试验研究,多选用线接触式试验装置,且均基于一种中板材料进行研究,考察因素不够全面细致,缺少对于各因素主次顺序、显著性等的考察,且在磨损机理的研究上,缺少共性。国内外对于中部槽磨损的研究,大多基于新型耐磨材料及工艺的应用,较少关于中部槽磨损机理的研究。中部槽摩擦系统,包括不同的组成元素、性能以及相互关系,任何因素的变化,都会引起系统磨损量的改变。故而从系统学理论出发,结合科学试验,研究煤料与中部槽之间的磨损机理变得尤为重要。

1.3.2 多因素作用下磨损研究现状

煤矿机械的磨料磨损过程受到煤散料、材料、工况等多因素的制约。Yarali 等[26]研究表明煤岩中岩石含量、平均粒度的增加都会对刀具磨料磨损产生直接影响。史志远[27]等研究认为中板磨损量会随着接触压力、滑动速度的增加而增加。梁绍伟[28]研究了中部槽在不同煤料介质下的磨损机理。现阶段的磨损试验均以单一因素的作用及解释单一因素效应为主,然而刮板输送机中部槽运行工况复杂,中部槽磨损影响因素众多,相关的理论与试验研究依然亟待完善。

试验设计(Design of Experiment,DoE)是研究多因素控制过程中各因素对响应值影响的重要统计技术之一,目前已被应用于材料的磨损特性研究中[29]。正交试验设计是一种普遍采用的研究多因素多水平的设计方法,通过它可以有效缩减试验次数、缩短试验周期,具有高效、快速、经济等诸多优点。杨兆建等[30]应用回归正交优化设计与分析方法,以提升机衬垫摩擦系数为指标,研究了滑移速度、工作温度、平均比压及摩擦副表面状况等诸多因素的显著性排序,基于所建立的回归方程,对各因素对摩擦系数的影响进行了定量研究。刘伟滔等[31]研究了底板破坏深度的影响因素,综合考虑工作面倾斜长度、采厚、采深、不同底板岩层力学参数和承压水水压,利用 $FLAC^{3D}$ 软件模拟底板破坏深度,运用正交试验法对模拟结果进行分析。Sardar 等[32]采用正交试验设计,分析影响 7075 铝合金磨损率的主要因素,并初步研究了各因素之间的交互作用。王传礼等[33]基于 CFD 仿真,以煤矿水压安全阀阀芯为研究对象,采用正交试验设计以润滑特性为指标,通过在阀芯表面设置微造型,研究各造型因素对阀芯润滑特性的影响。谢晖[34]等研究了不锈钢冲压模具的磨损,将正交试验法与冲压数值模拟相结合,综合评估了不锈钢冲压模具的硬度、摩擦系数和冲压速度对冲压模具磨损的影响,并确定最优影响因素组合。Eriksen[35]研究了磨具拉伸过程中不同的磨具形状对磨具磨损的影响,研究表明,磨具边缘大的弧度变化可以最大限度地减少磨损,而使用小弧度的磨具可减少磨损量达49%,另外,使用圆形、椭圆形、等切距曲线并不能使磨损平均分布。吴劲锋[36]通过磨料磨损试验,以苜蓿草粉为磨料,采用正交试验设计,研究负载、磨料粒度及转速对待测45#钢试样的磨损量影响,确定了显著性排序及最佳试验组合。张克平等[37]等应用正交试验设计了小麦粉制粉过程的磨损试验,研究粉料粒度、轧距及转速对白口铸铁磨损的影响。Yang等[38]研究了45#钢在不同植物磨料(苜蓿、玉米、小麦)下的摩擦磨损性能,结果表明,磨损量从小到大依次是小麦、玉米、苜蓿。饶新龙[39]通过试验设计进行土壤磨料磨损试验,研究了土壤特性含水率、抗剪强度、内摩擦角对45#钢磨损的影响。徐蕾[13]对提升机摩擦衬垫的各种成分进行配比,通过拟水平及均匀设计试验获得最优配比方案。Sinha[40]等采用全因子试验设计,研究了多因素对于锰钢耐磨性的影响。

国内外对于多因素作用下摩擦学系统的研究,从磨料、材料、工况等多角度着手,分析其对于磨损量、磨损率等指标的影响。相较于煤矿机械领域仅在提升机衬垫、底板破坏及水压阀芯构造等开展的多因素研究,农业机械领域对于植物散料磨损系统的研究则更为全面系统,且取得了一定的研究成果,对于中部槽煤散料磨损系统具有较强的借鉴意义。

1.3.3 离散元法在矿山机械领域应用现状

1.3.3.1 离散元法在煤矿开采和运输过程中的应用

离散元法(Discrete Element Method, DEM)是在20世纪70年代由Cundall首先提出,广泛地应用于散体物料的接触力学等问题的研究[41]。近年来,随着离散元的模型及算法的不断改进及完善,国内外学者通过离散元法针对矿山机械领域的诸多问题进行了研究。

朴香兰等采用离散元软件EDEM建立了带式输送机转弯处的离散元模型,通过4种带速模拟,测试了所建模型的合理性,研究认为不同颗粒形状及滚动摩擦系数对颗粒运动的影响较小[42]。Huang等采用EDEM模拟了装载机铲斗的插入过程，结果表明不同粒径下插入铲斗时，压实带的生成与粒径关系不大，粒径越小则滑动截面越明显[43]。

Curry 等将多体动力学与离散元法进行协同仿真，较好地模拟了设备与物料之间复杂的运动及载荷传递过程[44]。胡燏采用离散元软件 PFC^{2D} 对工作面放煤过程进行研究，模拟不同放煤步距下的放煤情况寻找得出最优放煤方式为“两采一放”[45]。贾嘉等采用 PFC^{3D} 软件模拟了镐形截齿的破煤过程，分析了截割厚度与截割力之间的关系，表明随着截割厚度增大，力的波动表现出先减小后变大的趋势，并得出波动最小时的截割厚度[46]。Qiu[47]及杨茗予[48]等通过离散元法模拟刮板输送机中部槽上煤散料的输送状态，分别分析了不同中部槽结构对流动状态的影响及中部槽表面受力情况，研究表明应用离散元法分析中部槽散料运动有效可行[47]。赵丽娟等通过 EDEM 仿真分析比较了采煤机截割时原型滚筒及模型滚筒在煤散料运动、装煤率及载荷等方面的性能，验证了模型滚筒的可靠性[49]。

综上所述：离散元法在矿山机械散料运输、工艺改进、机械结构及工作条件优化等方面进行了诸多应用。其优势在于对颗粒运动状态、结构体受力分析等方面，对于煤矿机械化开采及输运过程具有较大的改进作用。值得关注的是，目前的关于开采及输运的离散元研究，其物料属性参数及接触参数的设定大多通过经验获取，在研究的准确度上有待进一步考量。因此，为了获取更加准确的模拟结果，真正将离散元分析结果应用于实际生产中，必须对煤散料相关模拟参数进行标定。

1.3.3.2 物料离散元参数标定研究现状

颗粒材料参数标定是进行离散元数值模拟的首要步骤，现有的许多工程研究都是基于文献中已有的经验参数[50]，而在实际的研究中煤散料种类、大小、含水率及形状等都会对模拟结果产生影响，所以仅从文献中得到的参数并不能精确地模拟实际情况，因此，对颗粒参数标定的研究十分必要。目前已经对许多领域颗粒物料诸如农业领域[51-54]、岩[55-59]、土[60-63]及其他领域[64-66]颗粒的离散元参数进行了标定，但针对煤颗粒的离散元参数标定较少[66,67]，尤其是针对含湿煤料的标定。国内外学者在进行离散元参数标定中整体体现了两种思路，一种是搭建试验台直接进行测定，另一种是试验结合仿真联合标定，通过试验设计调整颗粒参数进行仿真分析以获得与指标一致的结果。

1. 试验台直接测定

直接测定是在结合相关标准及理论的基础上,通过试验对颗粒参数进行测量。在离散元仿真过程中,需要设定的参数包括颗粒的本征参数(密度、泊松比、剪切模量)及接触参数(滚动摩擦系数、静摩擦系数、恢复系数)。本征参数较为固定,一般可以直接测量。密度的测量一般采用排出体积的方法[68-70];剪切模量通常采用单轴压缩试验获取[71]。接触参数也有许多学者通过设计相关试验进行直接测定。针对颗粒—几何体恢复系数,有通过自由下落碰撞试验测定[64,72],也有通过斜板碰撞试验测定[73,74]。针对颗粒间的恢复系数,通过球形与圆柱颗粒自由下落碰撞试验测定[75,76]或通过双摆试验测定[77,78]。颗粒与几何体之间的静摩擦系数,一般通过抬升斜板试验进行测定[52,78]。颗粒间的静摩擦系数既有学者通过斜板抬升试验,测定[79]进行也有学者通过旋转摩擦试验进行测定[80-82]。颗粒与几何体之间滚动摩擦系数的进行,学者们选择斜面试验[83]、滚动摩擦试验等进行测定[84,85]。颗粒间的滚动摩擦系数的测定选择类似于颗粒与几何体滚动摩擦系数的斜面试验[86],将斜板几何体材质替换为颗粒材质。

2. 试验仿真联合标定

试验台直接测量过程中,经常会由于颗粒外形结构过于复杂而无法设置合适的试验条件。针对此种情况,有学者选用试验仿真联合方法对颗粒参数进行标定。阳恩勇[87]采用离散元法模拟斜板抬升试验,通过多次仿真获得滚动摩擦系数与抬升角度之间的线性关系,以实际颗粒滚动试验的抬升角度为响应值,计算出滚动摩擦系数。赵川[88]以漏斗试验的堆积角为指标,通过模拟仿真堆积过程,对颗粒的滚动摩擦系数进行标定。

总结其基本流程是,首先通过试验测定某一宏观参数,如堆积试验堆积角;之后通过离散元仿真物料堆积过程,以堆积角作为响应指标,通过不断调整需要标定的颗粒参数以不断靠近堆积结果。实际仿真中,往往是多个参数需要标定,为了能够更快地建立标定参数与宏观指标之间的关系,学者们将试验设计方法、神经网络等方法应用于这一过程。其中响应面法以其简单可靠、快速、高效优势被广泛应用。Yoon[58]以单轴压缩试验的抗压强度、杨氏模量及泊松比为宏观响应,针对每个响应,利用中心复合试验设计(CCD)方法研究颗粒参数与响应之间的非线性关系,通过宏观指标值确定颗粒的最优参数集。Santos[89]等以针叶渣颗粒堆积角为宏观响应值,采用中心复合试验设计,利用EDEM软件进行堆积角模拟,将模拟得到的堆积角与试验堆积角进行比较,从而得出颗粒的动态参数。

1.3.3.3 应用离散元法研究磨损问题

通过模拟仿真研究磨损问题,传统的方法是采用有限元方法,然而,磨损问题的研究常常涉及散体颗粒,此时有限元法研究磨损问题受到一定限制。而针对散体颗粒的磨损问题,许多国内外学者选择通过离散元法进行研究。Chen等通过离散元法研究了送料机皮带的磨损,研究发现通过改进送料机结构,可以有效改进料槽内物料的流动性,从而减小皮带的磨损[90];Forsström等结合离散元法及有限元法对自卸车的磨损进行研究,通过与真实试验对比验证发现,仿真结果与试验在磨损的尺寸及位置方面具有较强的相似性[91];张延强采用离散元法研究了挖掘机斗齿的磨损,通过仿真分析了不同工况条件下斗齿的磨损规律变化情况[92];Jafari等采用离散元法分析研究了振动筛的磨损,通过对不同工况参数下的振动筛磨损率变化研究,发现网格斜率及振动频率对磨损率影响较大且呈正相关性[93];吕龙飞等采用离散元法对立轴式破碎机转子的磨损进行研究,重点分析了分料锥、上耐磨板、下耐磨板、抛料头四个部位的磨损特性[94];Xu等采用离散元法对半自磨机的冲蚀磨损进行模拟,通过仿真分析表明,衬套的磨损受转速的影响较大,颗粒的加速冲撞是导致磨损的主要原因[95];Hoormazdi等通过PFC二次开发模拟土壤与刀具之间的磨料磨损模型,并在此基础上建立了一种刀具磨损预测方法[96];Abbas等采用离散元法模拟了钻头的钻进过程,并对钻头的磨损规律进行研究[97];Hossein等采用离散元法建立了某铁矿石球的磨料磨损模型,通过与试验对比验证所构建模型的准确性[98]。综上所述,通过离散元法软件EDEM或PFC,结合磨损模型即可以有效地模拟散体颗粒的磨损问题。可见,通过离散元法研究中部槽煤散料的磨损具有可行性。

1.3.4 磨损预测研究现状

1.3.4.1 刮板输送机寿命预测问题研究现状

在刮板输送机寿命预测方面,研究人员从机电系统的故障诊断及关键零部件的疲劳磨损方面做了一定研究。张春芝等针对刮板链立环,利用多体动力学软件,根据线性疲劳损伤累积法则进行立环危险点疲劳寿命计算[99]。张磊等通过有限元软件、疲劳寿命分析预测软件对刮板链在实际工况下进行可靠性寿命预测[100]。郄彦辉等在刮板输送机轨座力学分析的基础上,对其进行了静强度分析,并进行疲劳寿命的仿真计算,预测了理想情况下轨座的疲劳寿命[101]。刘楠利用 ANSYS 对哑铃进行疲劳分析,采用 nCode Design-Life 提取危险区域进行疲劳寿命分析[102]。赵丽娟等通过收集井下环境因素数据构成训练样本,采用最小二乘支持向量对刮板输送机的使用寿命进行预测[103]。张永强等基于机电设备的异常检验数据,进行故障统计分析,应用 BP 算法获取刮板输送机可靠性寿命预测[104]。

以上对于刮板输送机寿命预测的研究,多是依据疲劳寿命理论,使用有限元软件进行疲劳分析,或通过采集工况故障等数据,建立链条或机电系统的寿命预测模型,较少关于中部槽磨损的寿命预测的研究。但磨损作为普遍存在的现象,前人在其他相关应用领域展开了广泛的研究。

1.3.4.2 基于磨损的寿命预测研究现状

磨损量或抗磨寿命是评价材料耐磨性能或预测机械零件抗磨可靠性的重要指标[105]。从 20 世纪 40 年代开始,人们通过不断的探索,逐步深化对磨损本质的认识,出现了大量描述磨损的模型及量化公式。据 Ludema[106]统计,至 20 世纪 90 年代已公开发表的各种磨损公式接近 300 多个,学者们依据不同的观点及试验设备,提出了近 600 个相关变量。其中 Archard 模型是目前认可度较高,应用最广泛的磨损预测模型。

我国学者针对典型的磨损预测开展基础研究取得了若干进展。罗荣桂应用随机过程理论研究了因磨损而引起的设备故障模型[107]。颜钟得等对静态及动态磨损数据采用数理统计进行分析,表明该方法在处理试验数据时可靠性较好[108]。徐流杰等利用回归方法建立了磨损量与循环次数和基体中碳含量关系的二元方程模型,结果表明该预测模型可准确预测高速钢的磨损[109]。潘冬等对齿轮啮合过程中的磨损问题进行仿真分析,基于 Archard 磨损模型,综合考虑齿轮负载及转速对磨损的影响,提出了齿轮磨损寿命预测模型[110]。赵海鸣等为了准确预测 TBM 滚刀磨损量及寿命,通过分析滚刀工作工况及表面形貌,建立耦合材料塑性去除机制与韧性断裂去除机制的磨损量公式,获取滚刀磨损量预测公式,通过试验验证表明该预测模型可准确反映滚刀的实际磨损[111]。胡红军等为了预测超细晶陶瓷刀具的寿命,在建立 Archard 磨损模型和切削有限元模型、摩擦模型的基础上,进行了宏观尺度的模拟仿真和试验,根据获取的数据进行分析和统计、多元线性拟合、泰勒寿命公式得到寿命预测模型[112]。卢建军等针对钢/PTEE 织物自润滑向心关节轴承,从磨损机理出发,基于组合磨损机理和稳定磨损中线磨损量保持不变的特性,构建了适合不同摆动方式的下的自润滑向心关节轴承磨损寿命计算模型[113]。

随着计算机智能化技术的发展,许多学者开始考虑将其运用到磨损预测中去。黄瑶等将人工神经网络与有限元分析相结合,构建了挤压磨具的磨损预测模型[114]。王文健等采用 BP 神经网络,基于钢轨磨损数据,构建了钢轨磨损量预测模型[115]。Huang 等采用支持向量回归构建了刀具磨损评估模型,并通过验证表明该方法灵活有效[116]。刘继伟等基于电厂海量历史数据,在机理分析和数据分析的基础上,利用小波变换对磨煤机损耗进行多尺度分析,从中提取反映磨辊磨损程度的趋势分量,并用试验验证了该方法的有效性[117]。

以上关于磨损寿命的研究,利用试验数据建立物理模型,依据相关理论推导量化公式,或基于数据建立模型进行磨损预测已经有了一定的研究。可见通过建立模型进行中部槽磨损寿命预测是可行的。

1.4 主要研究内容与技术路线

本书针对中部槽磨损问题,在摩擦系统理论基础上研究中部槽磨损系统结构,通过设计中部槽磨损试验台,研究多因素耦合作用下中部槽的磨损规律及磨损机理,借助微观参数标定方法对煤散料 EDEM 仿真参数进行标定并研究其参数变化规律,基于标定结果采用 RecurDyn 及 EDEM 耦合建立磨损仿真模型,研究煤的物理性质对中部槽磨损的影响;建立刮板输送机离散元磨损模型,研究矿井环境对磨损的影响;基于磨损试验数据,结合机器学习算法进行中部槽磨损量预测研究。

论文的主要研究内容如下：

（1）中部槽磨损分析。基于系统理论，对中部槽摩擦系统进行研究，明确中部槽摩擦学系统的结构、组成元素、元素性能及相互作用关系，并对中部槽的磨损机理进行分析。

（2）中部槽磨损试验研究。通过设计中部槽磨损试验台，模拟中板—煤散料—刮板的磨损过程。基于多因素筛选的 Plackett-Burman 试验，确定影响中部槽磨损的显著性因素；基于多因素耦合的响应面中心复合试验研究显著性因素之间的耦合作用关系，并获得磨损预测模型；通过单因素试验及因素交互试验研究中部槽的磨损规律，在 Archard 磨损模型基础上获得改进的中部槽磨损预测模型；采用电子显微镜、聚焦形貌恢复技术，研究各因素下中部槽的主要磨损机理。

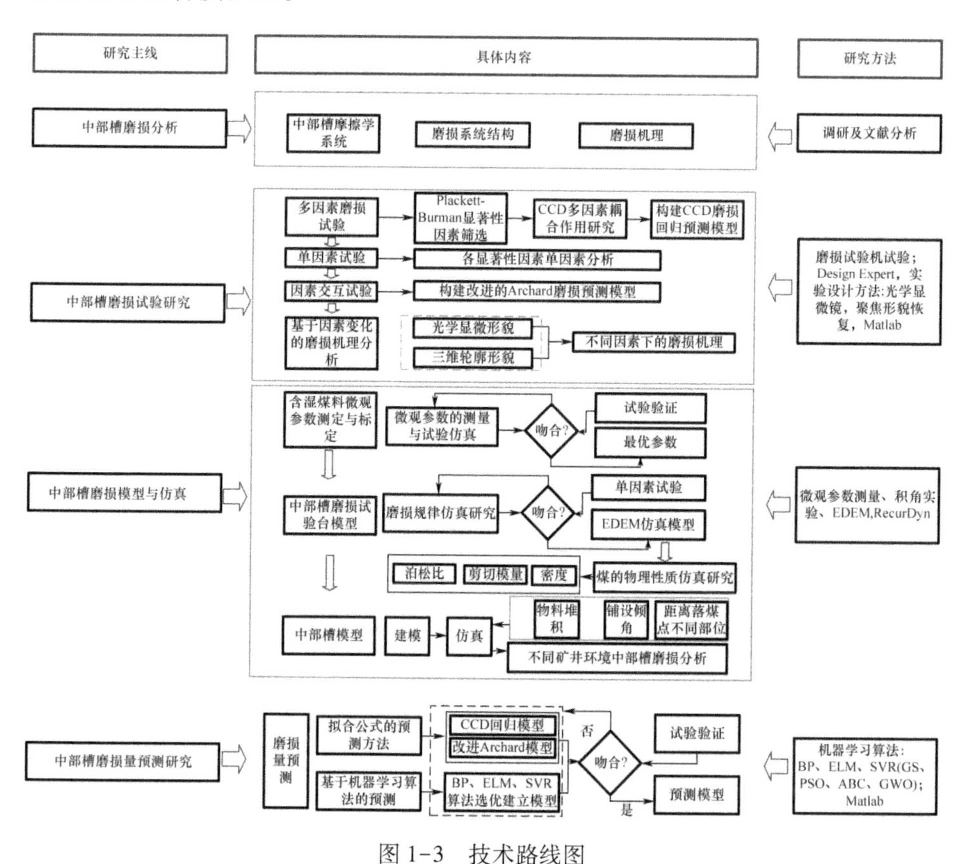

图 1-3 技术路线图

(3)基于离散元法构建中部槽磨损模型。对含湿煤散料微观仿真参数进行试验测定及标定;基于微观参数标定结果,通过多体动力学与离散元耦合构建磨损试验台磨损模型,通过单因素磨损仿真,与试验对比对磨损仿真模型进行验证;基于所构建的磨损模型,研究煤的物理特性对于中部槽磨损的影响;构建真实的中部槽磨损离散元仿真模型,对不同矿井环境下中部槽的磨损进行分析。

(4)中部槽磨损量预测研究。通过试验数据,基于多种机器学习算法,建立中部槽磨损预测模型;通过测试数据筛选比较获得最佳的算法模型;对算法模型及(2)中的经验模型及回归模型进行比较,获得最优的中部槽磨损量预测模型。

1.5 本章小结

本章首先概述了刮板输送机在煤矿生产中的重要作用以及中部槽磨损的严重性,提出了本书的研究目的与意义,之后分别论述了中部槽磨损问题的研究动态、多因素作用下摩擦学研究概况、离散元法在矿山机械上应用的研究动态和磨损预测研究动态、寿命预测的研究概况,最后阐述了本书的主要研究内容。

第 2 章 刮板输送机中部槽磨损分析

2.1 引　　言

在综采工作面长期的运行过程中，刮板输送机中部槽受到严重的磨损，磨损失效限制了刮板输送机的使用寿命。目前，国内外关于中部槽磨损的研究主要以新型耐磨材料选用、生产加工工艺改进、中板表面耐磨处理及结构形式改进为主，对于磨损规律及磨损机理的研究大多通过生产调研及单因素试验，中部槽的运行工况复杂，影响磨损的因素较多，磨损过程中受到煤散料、中板材质及工况等多因素的制约，因此，从摩擦学系统的角度综合分析中部槽的摩擦学结构，掌握中部槽磨损机制，可为进一步从多因素角度分析中部槽磨损规律提供理论依据。

2.2 刮板输送机的结构与工作原理

刮板输送机主要由机头、中间及机尾三部分构成，见图 2-1 所示。机头部由机头架，实现动力传动的电动机、减速器和链轮等部件组成，用以驱动刮板链，绕过机头链轮和机尾链轮而进行循环无极的闭合运动，通过这个运动，刮板链便将装在中间部溜槽内的煤炭输送出去。中间部由过渡槽、中部槽和刮板链等部件组成，是煤炭的承载机构，它的长度随工作面的长度而变。机尾部是供刮板链返回的装置，重型刮板输送机的机尾部也设有动力传动装置。其工作过程如图 2-2 所示，机头电动机驱动链轮转动，链轮带动刮板链及刮板在槽内循环转动，从而推动煤散料向前输送。

刮板输送机中部槽见图 2-3 所示，是煤散料运输的主要承载及运动渠道。刮板输送机运行时，刮板链及刮板推动煤散料向前运动，对中部槽链道处及中板整体造成严重磨损。

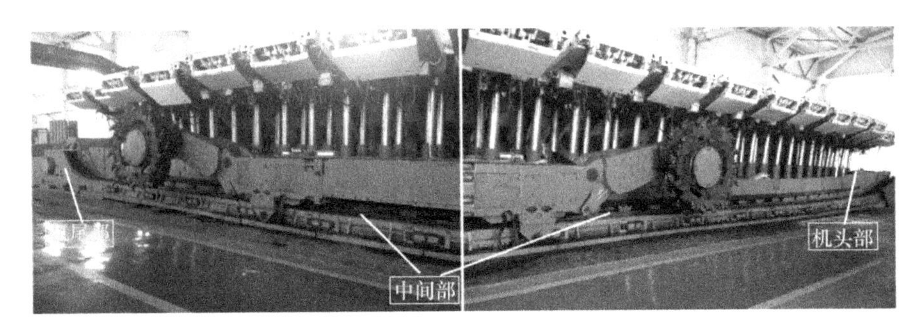

图 2-1　刮板输送机

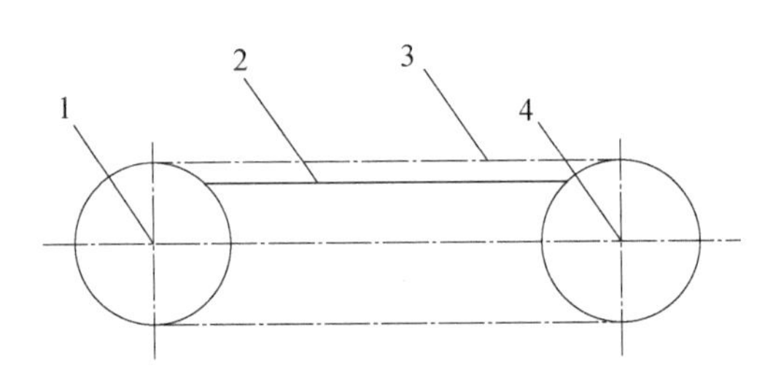

图 2-2　工作原理图

1. 机头链轮　2. 刮板槽　3. 刮板链　4. 机尾链轮

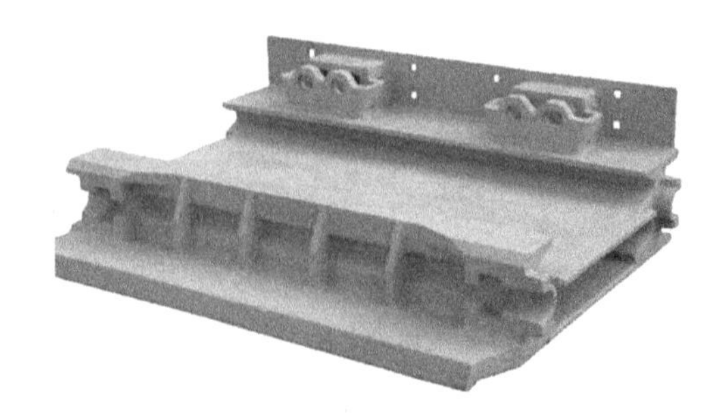

图 2-3　刮板输送机中部槽

2.3　中部槽摩擦学系统分析

2.3.1　摩擦学系统方法

2.3.1.1　系统概念

系统是由结构和功能互相联系在一起构成的元素集。图 2-4 概括了系统的主要特点。

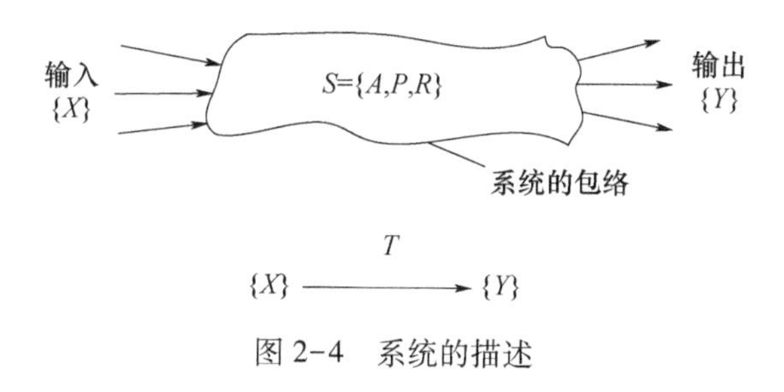

图 2-4　系统的描述

系统的结构包括元素集、元素的有关性能及元素之间的关系，通过集合 $S=\{A,P,R\}$ 来表示。采用虚拟的系统包络将系统与周围介质隔离开来，通过输入 $\{X\}$ 及输出 $\{Y\}$ 表示单独的系统与周围介质之间的关系。

2.3.1.2　摩擦学系统

通过系统的角度分析摩擦学问题，以产生相互摩擦作用的零部件为基础组成摩擦系统结构，可以假想地将系统通过系统包络与周围介质隔离开，摩擦系统的输入即工作变量，输出既包括技术上的有用输出也包括摩擦作用产生的损耗，而输入变换输出的方式即系统的技术功能。

1. 系统的技术功能

摩擦机械系统可以定义为一个整体，其功能特性与作相对运动的相互作用表面有关。从实际观点看，技术上的应用可分为本质上不同的四类，包括传递信息、传递功、引导运动以及使材料成型。

2. 工作变量

工作变量包括运动形式、速度、载荷、运动距离、工作时间和温度等。其中基本运动形式为滑动、滚动、自旋、冲击等，根据运动与时间的关系，分为连续运动、间歇运动、摆动运动及往复运动。

3. 系统结构

(1)结构的元素集 $A = \{a_i\}$ 。

摩擦和磨损过程中一般包括四个基本元素，形成“相对运动的相互作用表面”的一对零件取名为“摩擦元素一”和“摩擦元素二”。其他两个基本元素是润滑剂和周围环境。

(2)元素的性能 $P = \{p_i\}$ 。

元素的性能会对摩擦过程产生诸多影响，摩擦元素一和摩擦元素二的性能可以分为表面性能及整体性能。表面性能一般指粗糙度，整体性能一般指硬度、密度、弹性模量等材料性能。润滑剂的性能主要包括黏度特性及其化学成分等。周围环境的性能一般是指大气的化学组成及压力等。

(3)元素间的相互关系 $R = \{R(a_i, a_j)\}$ 。

各元素之间的相互作用一般包括摩擦作用、磨损作用、接触作用及润滑方式等。

4. 摩擦学特征

摩擦学特征代表摩擦作用带来的整个系统的变化，包括材料或能量的损耗、系统结构的改变。

2.3.2 中部槽机械结构

图 2-5 为刮板输送机中部槽摩擦结构图。刮板在刮板链的带动下以链速 V 向前运动，刮板上方承受煤散料带来的压力 F。一方面，颗粒被刮板斜面固定，使其相对于中板产生滑移磨损；另一方面，发生刮板链漂浮情况时，刮板斜面在颗粒流的冲击下抬起，使得煤颗粒夹在刮板与中部槽之间产生磨损。

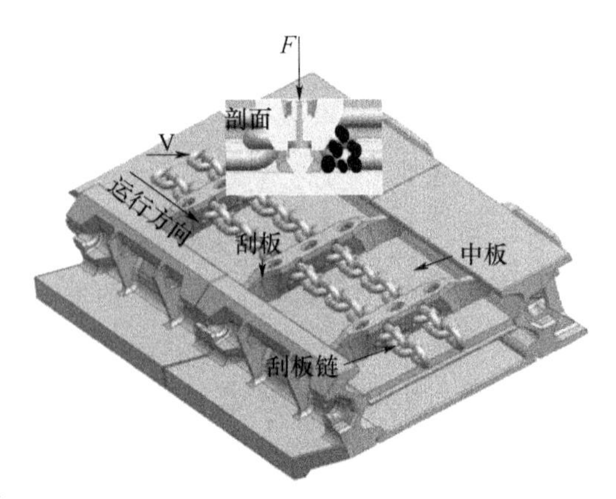

图 2-5 中部槽结构图

2.3.3 中部槽磨损影响因素分析

我国具有丰富的煤炭资源，调研发现，煤炭种类的差异及不同的矿井环境，会对煤矿机械产生不同程度的磨损。井下环境潮湿，且采掘中的喷雾除尘作业必然会导致煤料中含有不同程度的水分[118]，研究认为在不同岩石含水率下进行掘进作业时，钻头的磨损率存在较大差异[119]；另外球磨机研磨湿料时，其衬板及球的磨损比研磨干料时大得多[120]。由此可见，潮湿磨料必然对煤矿机械磨损产生影响。

煤的可磨性标志着煤磨碎成粉的难易程度，是体现煤的硬度、脆度、强度及韧度的综合性指标[121]。相关研究表明煤的可磨性越差，则磨煤机作业时磨损越严重，影响使用寿命[122]。梁绍伟等[25]研究了中部槽在不同煤料介质下的磨损规律，结果表明加入无烟煤时中板磨损量最大，焦煤次之、褐煤最小。Yarali[26]等在研究煤岩对于刀具的磨损时，认为平均粒度的增加会对磨损产生直接影响。由此可见，煤的种类及特性差异对于中部槽磨损的影响值得探究。

邵荷生[22]研究表明随着煤中石英石含量的增加，金属材料的磨损率增大。近年来随着煤矿资源的不断消耗，厚煤层及中厚煤层的储量逐渐减小，越来越多的企业将目标转向薄煤层及夹矸煤层，导致矸石含量增加[123]，不同含矸率对于中部槽在运输过程中的磨损值得探究。

刘白等将中部槽材料 16Mn 钢热轧板改为 40Mn2 钢冷轧板，耐磨性能显著提高[12]。杨泽生等选用不同材料模拟刮板，考察了不同材料摩擦副的摩擦系数和磨痕宽度，结果表明超高分子量聚乙烯表现出更好的耐磨特性，有可能替代传统的刮板材质[24]。史志远等[27]研究认为中板磨损量会随着接触压力、滑动速度的增加而增加。可见，中部槽的磨损受到中部槽及刮板材料、工况参数等多因素的制约。

2.3.4 中部槽摩擦学系统结构

为深入分析刮板输送机中部槽磨损问题，从系统的角度出发，对摩擦副的各个方面进行研究。重点从系统的技术功能、工作变量、系统结构及摩擦学特征四方面及它们的相互依赖关系进行分析。

通过对中部槽机械结构及磨损影响因素的分析，明确中部槽系统的结构组成、元素特性及相互作用关系。将中板磨损量作为“损耗输出”,采用一般的系统描述作为系统研究各参数的起点。通过不同的参数,对其磨损机理进行描述,预估中板磨损量。

磨损引起的中板磨损量描述如下:

磨损量 = f(工作变量,系统结构)

1. 工作变量 $\{X\}$

载荷(中板承受煤散料过煤量、刮板及刮板链自重)、速度(刮板链运行速度)及磨损行程。

2. 系统结构 $S = \{A,P,R\}$

元素 A:①中板;②刮板;③煤散料;④环境介质。

元素的性能 P:中板、刮板的材料特性;煤散料的种类、含矸率、含水率、粒度;温度及湿度(取决于矿井环境)。

元素的相互关系 R:①、②、③、④之间的摩擦学的相互关系如图 2-6 所示。

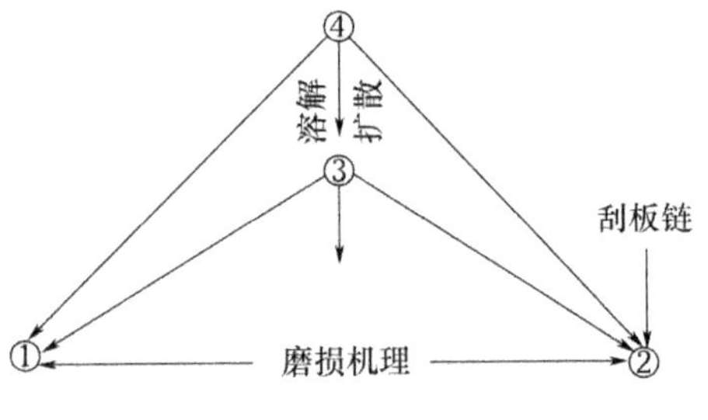

图 2-6 中部槽摩擦学相互关系图

3. 中部槽磨损系统描述

以工作变量及系统结构为输入、中板磨损为输出建立中部槽磨损系统描述如图 2-7 所示。

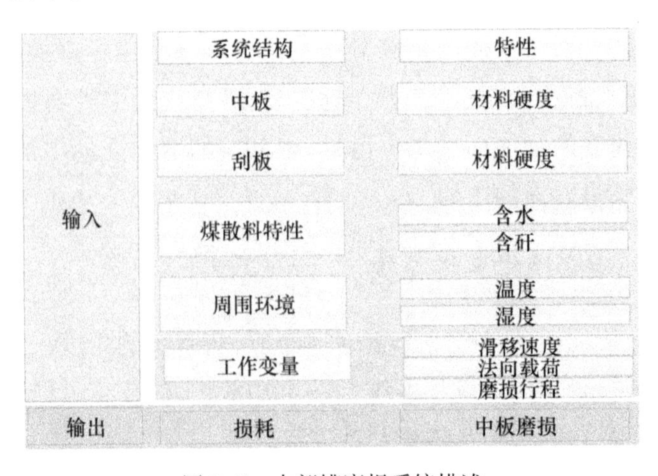

图 2-7 中部槽磨损系统描述

2.4　中部槽磨损机理

2.4.1　基本磨损机理

1. 磨料磨损

磨料磨损是普遍存在的一种磨损形式，由于硬质颗粒或摩擦副表面的硬质凸起与固体表面相互摩擦而引起材料流失。磨料磨损的简化模型如图2-8所示。

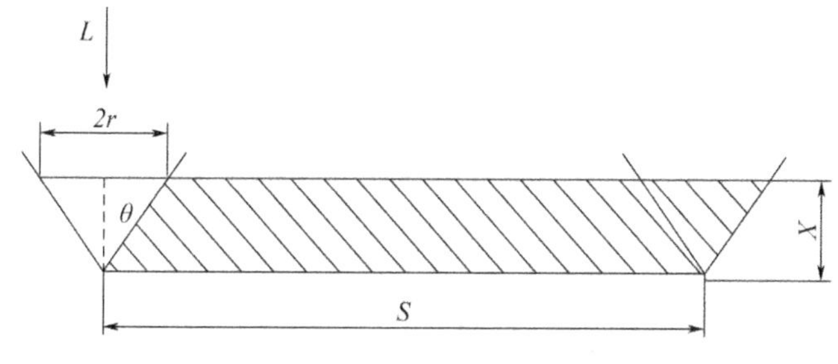

图2-8　磨料磨损模型

将硬质磨粒看作一个圆锥体，其在载荷为 L 的作用下，压入较软的材料中，并在切向力的作用下，在表面滑动了距离 S。此时，磨损体积 Q 可以表示为

$$Q = 2r \times x \times S/2 = r \times x \times S \tag{2-1}$$

式中：x 为压痕深度；r 为磨粒锥半径；S 为滑移距离。

由于压痕深度与材料硬度 H 及法向载荷 L 有关：

$$x = r \times \cot\theta \tag{2-2}$$

$$\pi r^2 = L/H \tag{2-3}$$

因此

$$Q = \cot\theta \times S \times L/\pi/H \tag{2-4}$$

令

$$K = \cot\theta/\pi \tag{2-5}$$

即磨粒磨损模型：

$$Q = K \times S \times L/H \tag{2-6}$$

可见，磨损正比于载荷，与滑动速度无关，与材料硬度成反比。此模型与Archard磨损模型一致。

磨料磨损机理即描述磨屑从表面产生及脱落的过程，对此学界尚不十分明确，目前已有的磨损机理包括微观切削机理、多次塑变导致断裂的机理以及微观脆性断裂机理。影响磨料磨损的因素包括磨料磨损的类型、磨料特性、摩擦副材料的硬度及工况条件。

2. 粘着磨损

粘着磨损是指摩擦表面产生粘着现象并引起材料转移的磨损，将粘着磨损按照程度的不同，分为轻微粘着磨损、涂抹、刮伤、咬合及咬死。粘结点剪切强度小于两基体剪切强度时，产生轻微磨损。粘结点强度介于两基体之间时，剪切发生在较软金属浅表层的，在较硬金属表面发生涂抹；剪切发生在较软金属表层时，称为刮伤。粘结点剪切强度高于两基体时，发生咬合；当剪切强度相当高时导致两表面之间产生局部熔焊而停止运动时，发生咬死。

粘着磨损的机理即形成粘着磨损的过程，一般可以表述为产生粘着—剪切发生—再粘着—再剪切的交替过程。影响粘着磨损的因素除了摩擦副材料、压力等，还包括温度、环境及表面膜等。

3. 表面疲劳磨损

表面疲劳磨损产生于两接触面之间做纯滚动或者滚动与滑动的复合运动时，由于较高的接触压力及多次的应力循环作用，在摩擦表面产生凹坑及剥落现象。依据疲劳剥落裂纹出现部位，将其分为点蚀及剥落。点蚀是指表面接触压力较小，裂纹出现在零件表面并逐渐扩展直至产生疲劳破坏。剥落是在高的接触压力作用下，裂纹萌生在表面以下突然发生的以片状剥落形式出现的疲劳破坏。疲劳磨损与裂纹的形成及其扩展有关，因此，凡是能够阻止裂纹形成及其扩展的方法都能减少疲劳磨损。包括材质、热处理组织结构、表面硬度、润滑剂及表面粗糙度。

4. 腐蚀磨损

腐蚀磨损是腐蚀作用与磨损作用综合的一种复杂的磨损形式。按照周围介质的不同，腐蚀磨损可分为氧化磨损及化学腐蚀磨损。腐蚀磨损发生包括两个阶段：第一阶段是腐蚀作用为主，即反应膜的生成；第二阶段是磨损作用为主,即反应膜的去除。影响腐蚀磨损的因素包括腐蚀介质及温度。

2.4.2 中部槽磨损机理分析

刮板链带动刮板向前运动,实现煤散料的输送。煤散料夹杂在刮板与中板之间,形成磨料磨损。综采工作面的起伏,造成中板与刮板之间的金属直接摩擦。从微观上分析中板与刮板之间的接触,可以看作是表面的微凸体之间的接触,随着刮板载荷变大,导致微凸体局部压力增大,当压力高于材料屈服极限时,会产生塑性变形导致金属接触面积增大直至可以承载为止。尽管刮板与中板之间存在氧化膜、煤粉等使得两金属面之间不易产生粘着,但两者的相对运动一方面会使氧化膜等消失,另一方面使接触点的微凸体发生“冷焊”,刮板继续运动将接触点剪断,之后又产生新的接触点,如此反复剪断—产生接点—剪断过程使得中板表面产生粘着磨损。中部槽表面长期受到刮板与煤的滚动及滑动的交互摩擦作用导致表面产生疲劳凹坑及剥落。煤炭、矸石、水共同构成了煤散料,煤炭中的黄铁矿(FeS_2)溶于水中会氧化产生硫化物,造成水中 Fe、SO_4^{2-} 的浓度变高。由于腐蚀性介质的存在,与中板产生化学反应,造成中板表面的腐蚀磨损。

综上所述,就中部槽的磨损机理而言主要分为四类,即磨料磨损、粘着磨损、表面疲劳磨损以及腐蚀磨损。

2.5 本章小结

本章介绍了刮板输送机的结构及工作原理,重点分析了中部槽的磨损问题。基于系统分析理论,对中部槽摩擦系统进行研究,明确中部槽摩擦学系统的结构、组成元素、元素性能及相互作用关系。介绍了磨料磨损、粘着磨损、表面疲劳磨损及腐蚀磨损等基本磨损机理,并分析了中部槽的磨损机理,为进一步分析中部槽磨损规律及机理研究奠定理论基础。

第3章 刮板输送机中部槽磨损试验

3.1 引　　言

目前,关于磨损的研究方法主要以试验为主,而针对煤矿机械的磨损问题,受到井下复杂条件、安全性无法保障等限制,实际的磨损试验无法开展。根据刮板输送机的工作原理,基于磨损理论研制试验机,进行实验室试验,将中部槽的磨损问题放到可操作的水平,可为磨损规律及磨损机理的研究提供便利。近年来,有关中部槽的摩擦学问题研究多从单因素角度分析对于中部槽磨损的影响,然而,刮板输送机中部槽的运行工况复杂,影响磨损的因素较多,磨损过程中受到煤散料、中板材质及工况等多因素的制约,因此,对于多因素耦合作用影响研究十分必要。

3.2 中部槽磨损试验台研制

3.2.1 试验台设计

刮板输送机刮板在刮板链的带动下推动煤散料实现运输作业。刮板—煤颗粒—中板摩擦副运动如图 3-1(a)所示。为了尽可能地模拟刮板输送机的工作过程,通过如图 3-1(b)所示的结构实现磨损过程,对磨件采用刮板材料，将其加工成与刮板相同角度的斜面，下试样为中板材料，加工成60°扇形结构，通过6块拼接成圆形，固定于料槽底板上；装满散料的料槽在电动机驱动下进行旋转运动，拟合中部槽摩擦副运动过程，如图3-1（c）所示。

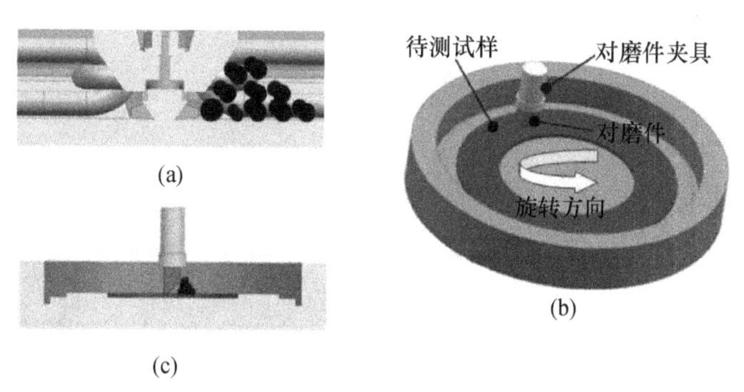

（a）中部槽磨损结构（b）磨损试验机结构（c）试验机磨损结构

图3-1　中部槽与磨损试验机工作原理图

3.2.2　试验台制造

基于设计原理，委托张家口诚信实验设备制造有限公司制造了ML-100C改进型磨损试验机，如图3-2（a）所示。试验机负载范围为2～100N，圆盘直径为300mm，圆盘转速为60～600r/min，可实现顺时针或逆时针旋转，同时还可以设置转动时间或转数、自动控制停机。试验中圆盘转速、上试样及下试样材料、对试件施加的正压力等参数均可以改变。上试样及下试样尺寸如图3-2（b）（c）所示。

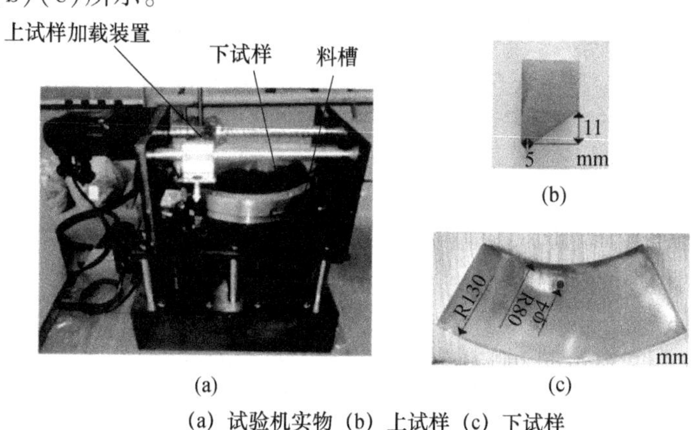

（a）试验机实物（b）上试样（c）下试样

图3-2　ML-100C改进型磨损试验机

3.3 中部槽磨损因素确定

3.3.1 哈氏可磨性指数

煤的可磨性表示煤磨碎成粉的难易程度，其与煤的密度、硬度和脆度相关[121]。在实际测定时，通过将待测煤样与标准煤样比较得出的相对指标来表示可磨性，称为哈氏可磨性指数(Hardgrove Grindability Index，HGI)，该测定方法称为哈德格罗夫法[124]。早在20世纪30年代就有人对一定质量的煤进行研究，发现煤的可磨性随着各组分密度的增加而降低；戈索尔等人发现，对于较高密度组分而言，随密度增大，其HGI值逐渐降低，最高密度组分除外；辛哈等研究大量煤种发现，洗精煤的HGI最高，中煤次之，而沉积物的HGI又升高[123]。当煤中水分一定时，煤的哈氏可磨性指数HGI与其硬度高低有关，HGI值大，则煤的硬度小，相对脆度大、易粉碎；反之，则煤的硬度大、脆度小、难粉碎[126]。本书中，选择HGI指数来表征煤的硬度差别。选取四种不同地区的煤种进行哈氏可磨性指数检测，取其中HGI指数差距较大的煤种进行试验研究。分别包括宁夏无烟煤、山西烟煤、内蒙烟煤、陕西烟煤，依托中国科学院山西煤炭化学研究所，使用5E-HA60X50哈氏可磨性指数测定仪(如图3-3)进行煤质哈氏可磨性检测。哈氏可磨性指数检测结果见表3-1。

图3-3　哈氏可磨性指数测定仪

表3-1　煤散料的哈氏可磨性指数

煤种	宁夏炭	山西炭	内蒙炭	陕西炭
HGI	51	76	78	58

3.3.2 含水率

目前国内外对于矿山机械材料抗磨损的研究主要集中于材料热处理工

艺的选择上，而关于煤散料特性对于金属材料磨损性能的研究甚少。在煤矿机械作业中，煤炭、矸石、水共同构成了煤散料。水对岩石和煤具有软化、溶蚀和水楔作用，水分子进入煤样间隙会削弱颗粒间的黏结作用，使强度降低；另外，煤炭中的黄铁矿（FeS_2）溶于水中会氧化产生硫化物，造成水中 Fe、SO_4^{2-}的浓度变高[127]。水是影响煤散料性能的重要因素之一。煤散料含水率对煤矿机械工作部件的抗磨性能有着重要的影响。研究认为在不同岩石含水率下进行掘进作业时，钻头的磨损率存在较大差异；另外球磨机研磨湿料时，其衬板及球的磨损比研磨干料时大得多。可见研究潮湿磨料对中部槽磨损的影响尤为必要。对煤岩特性（磨损、切割阻力、岩石能量、岩石应力）的研究表明[119,128]，岩石特性随着含水率改变而改变，从而影响掘进机械的生产速率并加剧设备磨损、消耗。然而，在中部槽输运作业中，煤散料的含水对于中部槽的磨损研究则相对较少。考察煤散料含水率对中板磨损性能的影响，并对磨损机理进行探究，以期为煤矿机械作业部件的选材和表面强化工艺的制定提供理论依据。

煤中的水可分为外在水分及内在水分。其中外在水分是指煤的表面水，它以机械方式与煤相联结，较易蒸发。失去外在水分的煤称为风干煤。内在水分是指吸附或凝聚在煤粒内部的毛细孔中的水，将煤加热到 105~110℃时会消失，其主要以物理化学方式与煤相联结，较难蒸发，失去内在水分的煤称为绝对干燥煤或干煤。

国内外学者关于水分对煤的性质的影响开展了诸多研究。Perera[129]等研究了含水率对某褐煤强度变化的影响，表明褐煤在平衡水状态（含水率58%）下较不含水时的韧性较好，但强度变差。Pan 等[118]研究了含水率对某烟煤（平衡水状态含水率 8.4%）强度变化的影响，煤在获得水分时膨胀，在失去水分时收缩，在低含水率水平时，应变与含水率呈线性关系，同时，杨氏模量随着含水率的降低而显著变大，表明煤在失去水分时变硬。秦虎[130]等测定了某无烟煤（平衡水状态含水 5.75%）在不同含水率下的煤体单轴压缩应力应变特性，随着含水率的增加，煤样的抗压强度逐渐减小。可见，平衡水状态的煤块在强度和特性上会有很大不同，且煤的含水率差别较大，除了褐煤含水率较高外，其他煤种一般在 20 %以下，甚至低至 5%基于此，本书选取四种不同地区的煤种，包括烟煤及无烟煤，选择煤散料含水率范围 0~20%，研究含水率对于中部槽磨损的影响。

不同含水率煤散料的配置过程见图 3-4，根据 GB/T 211—2017 煤中全水分的测定方法，煤含水率按下式计算：

$$W = \frac{M_1}{M} \times 100\% \tag{3-1}$$

式中：W 为含水率；M_1 为煤样干燥后减轻的质量，单位为 g；M 为煤散料的总质量，单位为 g。

图 3-4　含水率配置过程

（1）烘干煤料。用已知质量的干燥、清洁的浅盘称取煤样，并将盘中的煤样均匀地摊平。将煤样放入 105～110℃的干燥箱中，连续干燥 3h。从干燥箱中取出浅盘，趁热称重。然后再重复放入干燥箱 30min，直到煤样的质量减小不超过 1g 或者质量有所增加为止，得到干燥后的煤样为 M_0。

（2）根据所需的含水率 $W\%$，按照下式计算得到含湿煤料的质量 M_2。

$$M_2 = \frac{M_0}{1 - W} \tag{3-2}$$

（3）采用喷壶对煤散料喷水，同时搅拌以保证水和煤的充分混合，加水直至天平读数为 M_2。

（4）将煤散料用塑料袋封口，密封 2 天使煤散料充分吸收水分。

其他含水率煤料的配置均按照步骤（1）～（4），这样可得到不同含水率的煤料。

3.3.3　含矸率

煤矸石与煤系地层共生，是由多种矿岩组成的混合岩。从化学组成上看，煤矸石是由无机质和少量有机质组成的混合物。无机质主要为矿物质和水，且矿物质多以硅、铝、酸盐的形式存在，另外含有数量不等的无机物及少量的稀有金属。煤矸石中的有机质随含碳量的增加而增高，它主要包括 C、H、O、N、S 等，一般来说，含碳量越高，其煤矸石的发热量也越大[131]。在煤矿开采和细煤作业中，会产生大量的煤矸石，占有煤炭产量达到了 15%。Li 和 Yang 等研究认为[132,133]，煤及矸石在硬度、破碎率、抵抗冲击破碎的能力方面都存在较大差别。中部槽在运输过程中矸石的不同含量会对中部槽磨损产生影响。

我国煤矿开采的煤矸石的产率在 5%~10%，洗煤厂洗原煤的矸石率在 18%~20%[131,134]。综合分析本书选择含矸率范围 0~25%。选择三种地域矸石进行莫氏硬度检测，见表 3-2，将三种矸石按 1∶1∶1 混合作为试验用矸石。

表 3-2　矸石莫氏硬度

矸石	宁夏矸石	内蒙矸石	山西矸石
莫氏硬度	4	6	6

不同含矸率煤散料的配置，煤中含矸率计算：

$$G = \frac{M_G}{M} \times 100\% \tag{3-3}$$

式中：G 为含水率；M_G 为矸石的质量，单位为 g；M 为煤散料的总质量，单位为 g。

根据所需的含矸率 G，配比烘干后的煤散料 M_0，按照下式计算得到矸石的质量 M_G：

$$M_G = \frac{M_0}{1 - G} G \tag{3-4}$$

称取矸石质量 M_G，与煤散料充分混合，即可得到含矸率为 G 的煤散料。

3.3.4　煤散料粒度

Yarali[26]等在研究煤岩对于刀具的磨损时，认为平均粒度的增加会对磨损产生直接影响。为了研究比较煤散料粒度对于中部槽磨损的影响，本书从试验设备的大小考虑，确定试验中煤散料颗粒的粒度范围为 1~8mm。通过不同粒径的筛子将煤料及矸石筛分出来，如图 3-5 所示。

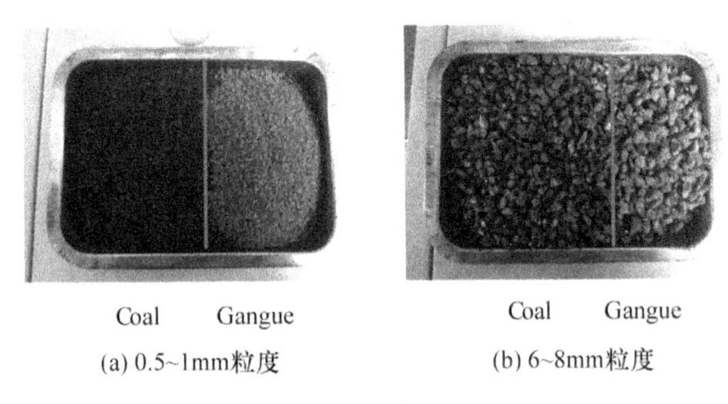

(a) 0.5~1mm粒度　　(b) 6~8mm粒度

图 3-5　煤及矸石

3.3.5　刮板链速

刮板输送机刮板链的速度是不均匀的。因为刮板链由链轮驱动，链轮旋转时，轮齿依次与链环啮合，拖动刮板连续运动。刮板链绕经链轮时呈多边形。在这种传动方式中，链轮转速虽然不变，由于链轮与链的啮合为多边形，而不是圆形，所以刮板链的运动速度呈周期性变化。一般用平均速度来表示刮板链速。曹燕杰[135]等研究了刮板链速对于传动系统的影响，使用 ADAMS 软件仿真研究链速分别为 0. 9m/s、1. 1m/s、1. 3m/s 三种情况下刮板及刮板链运动状态。王沅等[136]研究了刮板链速在 0. 8~1. 2m/s 变化时对中部槽的冲击特性的影响，结果表明链速越大中部槽受到的冲击载荷越大。蔡柳等[137]将离散元法应用于刮板输送机煤散料运输过程，结果表明链速越高，质量流率增长速度越快且稳定值越大，并且波动性也越大。

古典摩擦理论认为摩擦系数与滑动速度无关，事实上，摩擦系数随滑动速度变化的规律复杂，至今学术界在这方面依然无法达成共识。Bochet 通过研究车辆的制动摩擦过程，认为摩擦系数会随着滑动速度增加而减小[138]。克拉盖尔斯基[139]等研究了摩擦系数随滑动速度变化规律，表明滑动速度增大，摩擦系数随之增大到达一个峰值，而压力越大峰值出现的速度越小。研究刮板链速对于中部槽磨损的影响，可查的文献较少。在本书预试验中，试验机模拟的刮板极限速度超过 0. 9m/s，颗粒会发生飞溅。基于此，在综合考虑试验机转速极限的基础上，研究刮板输送机链速在 0. 4~0. 9m/s 范围内对中部槽磨损的影响。

3.3.6　法向载荷

中板与刮板摩擦系统中，中板表面承受的载荷来自于刮板自身及煤散料的重量。本书以实验室现有某重型刮板输送机为例进行法向载荷估算。

1. 煤散料重量

单位中部槽上承受的来自煤散料的压强 p_1 为

$$p_1 = \frac{Q}{3.6vd} \times 9.8 \tag{3-5}$$

式中：Q 为刮板输送机输送量（t/h），此处取 3000t/h；v 为刮板链条速度（m/s），此处取平均速度 0.8m/s；d 为中部槽断面宽度（m），本研究取 0.758m；

由此的 p_1 为 0.013467MPa。

2. 刮板自重

通过刮板三维图（图 3-6）参考计算刮板自重，通过 UG 统计其体积为 5837.649 cm^3，密度为 7.85 g/cm^3，则质量为 45825.54 g。

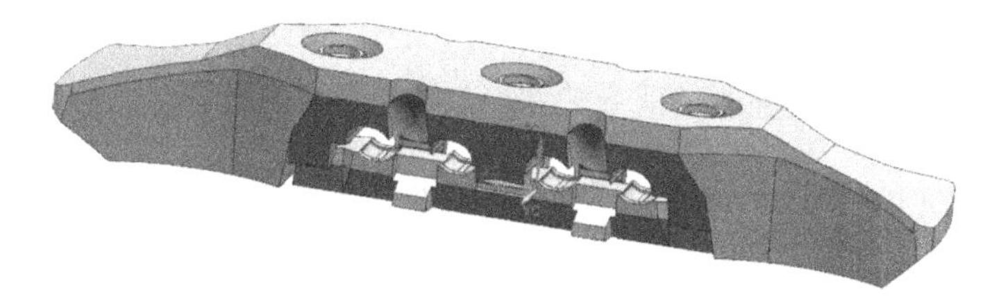

图 3-6　刮板三维图

刮板与中板接触底面积 S 为 6×10^{-3} m^2，由此可知来自刮板的压强为

$$p_2 = \frac{mg}{s} = 0.074848\text{MPa} \tag{3-6}$$

则中板承受压强为

$$p = p_1 + p_2 = 0.088315\text{MPa}$$

试验机上试样与下试样的接触底面积 S_1 为 4×10^{-4} m^2，换算为试验机上的载荷为

$$F = P\times S_1 = 35.326\ \text{N}$$

综合考虑，本试验中，将载荷的范围设置为 10~35N。

3.4 试验设计方法简介

当考虑较多的试验因素和水平对于磨损的影响时,试验方案数量会随之呈指数增长,工作量剧增,相应的成果分析也会变得非常复杂,因而亟须一种科学、高效的试验设计方法来研究处于复杂工况因素下中部槽的磨损。试验设计(Design of Experiment,DoE)是研究多因素控制过程中各因素对响应值影响的重要统计技术之一,目前已被应用于材料的磨损特性研究中。响应面法(Response Surface Methodology,RSM)是一种综合试验设计和数学建模的优化方法,可通过较少的试验研究几种因素的耦合作用,并可获得较好的回归预测方程。Plackett-Burman(PB)试验通过统计学设计和数据分析,可筛选出对目标影响最大的关键因素,中心复合设计(Central Composite Design,CCD)可用于确定试验因素耦合作用在磨损过程中对响应值指标的影响,精确表述因素与响应值之间的关系。在本研究中,响应面法用于确定对中部槽磨损影响显著的因素并研究耦合关系、获得磨损预测模型。

3.4.1 Plackett-Burman 因素筛选试验设计

基于试验设计进行试验可以有效提高生产效率及加工效率,其中 Plackett-Burman 筛选设计,已经被证明是在复杂参数试验研究的第一阶段中发挥重要作用。例如,在工具寿命试验中,当希望考虑许多设计和工艺参数时,使用筛选试验,可以很容易区分重要因素及其相互作用的任何顺序,并将其作为参考用于后续的试验研究[140-142]。PB 试验设计被广泛应用于因子主效应的估计中。通常 N 次试验最多可研究 $N-4$ 个变量(N 为 4 的倍数)。

PB 试验结果可以用如下线性模型来表示:

$$Y = \beta_0 + \sum_{i=1}^{k} \beta_i X_i \tag{3-7}$$

式中:Y 是指标值; β_0 是常数; β_i 代表影响因素 X_i 的回归系数。

3.4.2 CCD 中心复合试验设计

根据筛选试验结果及响应面设计原理,采用 CCD 法研究各显著性因素耦合作用对于中部槽磨损量的影响。整个试验设计包含 2^n 组阶乘点试验，$2n$ 组轴向点试验和 n_c 组中心点试验。

总试验次数 N 如式(3-8)所示：

$$N=2^n+2n+n_c \tag{3-8}$$

对各变量的响应行为进行表征的二阶经验模型公式参照为

$$Y=\beta_0+\sum_{i=1}^{n}\beta_i X_i+\sum_{i<J}^{n}\beta_{ij}X_iX_j+\sum_{i=1}^{n}\beta_{ii}X_i^{\ 2}+\varepsilon \tag{3-9}$$

式中：n 为变量个数；Y 为响应值；β_o，β_i，β_{ii}，β_{ij} 分别为常系数，线性一次项系数，交互项系数和二次项系数；X_i、X_j 为相互独立的影响因子。

3.5　中部槽磨损多因素筛选试验

3.5.1　试验准备及规划

中部槽磨损受到磨料、材料、工况多因素的影响和制约，而目前的研究对煤质因素的考虑并不多。Plackett-Burman(PB)试验设计方法[138]可以在较少的试验和时间内，从众多的过程变量中筛选出最为重要的几个因素，在进行中部槽磨损特性研究时，如果可以采用PB试验设计，确定诸多因素中哪些对磨损起主要作用，对于今后中部槽磨损研究具有重要意义。本研究通过PB试验设计进行模拟中部槽磨损工况试验，研究影响中部槽磨损的主要因素。基于3.2节所述，确定煤料及工况因素的取值范围见表3-3所列。

表3-3　影响因素范围

因素	范围
含水率/%	5%～20%
含矸率/%	7%～28%
法向载荷/N	17～38
磨损行程/m	2500～5500
刮板链速/(m/s)	0.4～0.9

使用磨料磨损试验机进行试验研究。其中上试样选择常用刮板材质42CrMo，其硬度为170 HB。下试样选择四种不同硬度的中板材质，其化学组成及力学性能见表3-4及表3-5。试验前，对磨损试样进行抛光处理，使其粗糙度 $Ra=0.60\ \mu m$，经无水酒精进行清洗后使用万分之一天平进行称重。试验结束后，用干燥的压缩空气清洁试样表面，经无水酒精清洗后称重。磨损质量即为试样初始和最终质量的差异。

表3-4　中板试样化学成分(质量分数%)

中板	元素								
	C	Mn	Si	Cr	Ni	Mo	V	S	P
M_a	0.14	1.440	0.37	0.440	0.2	0.14	0.058	0.001	0.013
M_b	0.18	1.41	0.26	0.25	0.31	0.22	/	0.001	0.012
M_c	0.2	1.34	0.49	0.29	0.028	0.0042	0.003	0.003	0.009
M_d	0.25	1.22	0.39	0.9	/	/	/	0.001	0.011

表3-5　中板试样力学性能

中板	力学性能				
	屈服强度/MPa	抗拉强度/MPa	伸长率/%	-20℃冲击韧性/J	硬度/HB
M_a	960	1100	12	25	317
M_b	1170	1369	14.6	47	383
M_c	1137	1440	20	52	425
M_d	1701	1570	13.23	67	504

在进行中部槽磨损因素筛选设计时，先将磨损行程作为显著性因素设为定值3840m，采用PB试验设计对含矸率、含水率、哈氏可磨性指数(HGI)、粒度、刮板链链速、压力6个因素进行考察，每个因素取高低2个水平，以编码+1和-1形式表示，见表3-6。

表3-6　PB试验参数

代号	参数	低水平(-1)	高水平(+1)
A	含水率/%	0	15
B	含矸率/%	0	25

续表

代号	参数	低水平(-1)	高水平(+1)
C	哈氏可磨性指数(HGI)	51	75
D	煤料粒度/mm	0.5~2	6~8
E	法向载荷/N	10	35
F	刮板链速/(m/s)	0.4	0.9

3.5.2 试验结果及分析

3.5.2.1 方差分析结果

按照筛选试验规划,进行两次重复试验,获取磨损量平均值见表3-7所列。

表3-7 PB试验规划及结果

参数		1	2	3	4	5	6	7	8	9	10	11	12
A		-1(0)	-1	-1	-1	1(15)	1	-1	1	1	1	-1	1
B		1(25)	-1(0)	1	1	1	-1	-1	1	1	-1	-1	-1
C		1(75)	-1(51)	1	-1	1	-1	-1	-1	-1	1	1	1
D		1(7)	-1(1)	-1	1	-1	-1	1	1	-1	1	-1	1
E		-1(10)	-1	1(35)	1	-1	1	-1	1	-1	1	1	-1
F		-1(0.4)	-1	1(0.9)	-1	-1	-1	1	1	1	-1	1	1
磨损量/(mg)	M_a	69.4	2.7	66.05	284	196.15	244.7	3.85	370.3	141.9	175.4	10.95	65.8
	M_b	59.8	1.65	55.5	166.3	189.4	226.6	1.95	283.1	114.35	172.9	5.2	61.5
	M_c	52.1	2.15	55.25	138.5	159	226.7	2.3	269.1	108.3	144.7	5.15	61
	M_d	49	2.8	53.8	130.9	164.3	223.1	1.5	271.2	108.4	137	5.1	59.2

针对每种中板材质进行方差分析,以 M_d 试验数据为例,制作磨损响应表3-8。需要计算的方差参数见表3-9。

表3-8 磨损响应表

序号	磨损量/mg	A		B		C		D		E		F	
		-1	1	-1	1	-1	1	-1	1	-1	1	-1	1
1	49	49			49		49		49	49		49	
2	2.8	2.8		2.8		2.8		2.8		2.8		2.8	
3	53.8	53.8			53.8		53.8	53.8			53.8		53.8
4	130.9	130.9			130.9	130.9			130.9		130.9	130.9	
5	164.3		164.3		164.3		164.3	164.3		164.3		164.3	

续表

序号	磨损量/mg	A		B		C		D		E		F	
		-1	1	-1	1	-1	1	-1	1	-1	1	-1	1
6	223. 1		223. 1	223. 1		223. 1		223. 1			223. 1	223. 1	
7	1. 5	1. 5		1. 5		1. 5			1. 5	1. 5			1. 5
8	271. 2		271. 2		271. 2	271. 2			271. 2		271. 2		271. 2
9	108. 4		108. 4		108. 4	108. 4		108. 4		108. 4			108. 4
10	137		137	137			137		137		137	137	
11	5. 1	5. 1		5. 1			5. 1	5. 1			5. 1		5. 1
12	59. 2		59. 2	59. 2			59. 2		59. 2	59. 2			59. 2
合计	1206. 3	243. 1	963. 2	428. 7	777. 6	737. 9	468. 4	557. 5	648. 8	385. 2	821. 1	707. 1	499. 2

表 3-9 方差分析表

参数	自由度(df)	平方和(SS)	均方(MS)	F 值
A	df_A	SS_A	MS_A	F_A
B	df_B	SS_B	MS_B	F_B
C	df_C	SS_C	MS_D	F_C
D	df_D	SS_D	MS_D	F_D
E	df_E	SS_E	MS_E	F_E
F	df_F	SS_F	MS_F	F_F
残差	df_R	SS_R	MS_R	F_R
模型	df_M	SS_M	MS_M	F_M
总和	df_T	SS_T		

1. 平方和 SS

修正系数 $C=\frac{Total^2}{12}=\frac{1206.3^2}{12}=121263.3075$

$SS_T=\sum X^2-C=(49^2+2.8^2+53.8^2+130.9^2+164.3^2+223.1^2+1.5^2+271.2^2+108.4^2+137^2+5.1^2+59.2^2)-121263.3075=206808.09-121263.3075=85544.7825$

$$SS_A=\frac{\sum T_A^2}{6}-C=\frac{(243.1^2+963.2^2)}{6}-121263.3075=43212$$

$$SS_B = \frac{\sum T_B^{\ 2}}{6} - C = \frac{(428.7^2 + 777.6^2)}{6} - 121263.3075 = 10144.27$$

$$SS_C = \frac{\sum T_C^{\ 2}}{6} - C = \frac{(737.9^2 + 468.4^2)}{6} - 121263.3075 = 6052.52$$

$$SS_D = \frac{\sum T_D^{\ 2}}{6} - C = \frac{(557.5^2 + 648.8^2)}{6} - 121263.3075 = 694.64$$

$$SS_E = \frac{\sum T_E^{\ 2}}{6} - C = \frac{(385.2^2 + 821.1^2)}{6} - 121263.3075 = 15834.07$$

$$SS_F = \frac{\sum T_F^{\ 2}}{6} - C = \frac{(707.1^2 + 499.2^2)}{6} - 121263.3075 = 3601.87$$

$$SS_M = SS_A + SS_B + SS_C + SS_D + SS_E + SS_F = 79539.37$$

$$SS_R = SS_T - SS_A - SS_B - SS_C - SS_D - SS_E - SS_F = 6005.41$$

2. 自由度 df

$df_A = 2 - 1 = 1$　　$df_B = 2 - 1 = 1$　　$df_C = 2 - 1 = 1$

$df_D = 2 - 1 = 1$　　$df_E = 2 - 1 = 1$　　$df_F = 2 - 1 = 1$

$df_R = 6 - 1 = 5$　　$df_T = 12 - 1 = 11$　　$df_M = 6$

3. 均方 MS

$$MS_A = \frac{SS_A}{df_A} = \frac{43212}{1} = 43212$$

$$MS_B = \frac{SS_B}{df_B} = \frac{10144.27}{1} = 10144.27$$

$$MS_C = \frac{SS_C}{df_C} = \frac{6052.52}{1} = 6052.52$$

$$MS_D = \frac{SS_D}{df_D} = \frac{694.64}{1} = 694.64$$

$$MS_E = \frac{SS_E}{df_E} = \frac{15834.07}{1} = 15834.07$$

$$MS_F = \frac{SS_F}{df_F} = \frac{3601.87}{1} = 3601.87$$

$$MS_M = \frac{SS_M}{df_M} = \frac{79539.37}{6} = 13256.56$$

$$MS_R = \frac{SS_R}{df_R} = \frac{6005.41}{5} = 1201.08$$

4. F 检验：$\alpha = 0.05$，$P(F > F_\alpha)$

$$F_A = \frac{\mathrm{MS_A}}{MS_R} = \frac{43212}{1201.08} = 35.98 > F_{0.05}(1,5) = 6.61$$

$$F_B = \frac{\mathrm{MS_B}}{MS_R} = \frac{10144.27}{1201.08} = 8.45 > F_{0.05}(1,5) = 6.61$$

$$F_C = \frac{\mathrm{MS_C}}{MS_R} = \frac{6052.52}{1201.08} = 5.04 < F_{0.05}(1,5) = 6.61$$

$$F_D = \frac{\mathrm{MS_D}}{MS_R} = \frac{694.64}{1201.08} = 0.58 < F_{0.05}(1,5) = 6.61$$

$$F_E = \frac{\mathrm{MS_E}}{MS_R} = \frac{15834.07}{1201.08} = 13.18 > F_{0.05}(1,5) = 6.61$$

$$F_F = \frac{\mathrm{MS_F}}{MS_R} = \frac{3601.87}{1201.08} = 3.00 < F_{0.05}(1,5) = 6.61$$

$$F_M = \frac{\mathrm{MS_M}}{MS_R} = \frac{13256.56}{1201.08} = 11.04 > F_{0.05}(6,5) = 4.95$$

结果表明，含水率（A）、含矸率（B）、法向载荷（E）三个影响因子的 F 值大于 $F_{0.05}(1,5)$，说明 P 值均小于 0.05，这三个因素为显著性因素。

5. 相关系数 R^2

$$R^2 = 1 - \frac{SS_R}{SS_T} = 1 - \frac{6005.41}{85544.7825} = 0.9298$$

一般地，复合相关系数 $R^2 > 0.8$ 就认为回归模型和实际吻合程度较好[143]。

通过对四种中板磨损数据进行方差分析，得到的结果如表 3-10 所列。可知，影响中部槽磨损的显著性因素包括含水率、含矸率、法向载荷。

表 3-10　四种中板的方差分析结果

Source of variation	M_a		M_b		M_c		M_d	
	F value	P-value (Prob>F)	value	P-value (Prob>F)	value	P-value (Prob>F)	value	P-value (Prob>F)
Model	17.69	0.0032	17.56	0.0032	13.19	0.0062	11.04	0.0093
A	33.41	0.0022*	53.18	0.0008*	41.69	0.0013*	35.98	0.0018*
B	22.71	0.0050*	14.73	0.0121*	9.49	0.0275*	8.45	0.0335*
C	12.53	0.0166	5.78	0.0614	5.79	0.0585	5.04	0.0748
D	5.47	0.0666	2.17	0.2011	1.01	0.3606	0.58	0.4813
E	26.28	0.0037*	21.44	0.0057*	16.93	0.0092*	13.18	0.015*
F	5.73	0.0622	8.07	0.0362	4.04	0.1007	3	0.1439
R^2	0.9550		0.9547		0.9406		0.9298	

基于方差分析结果，以编码方式表示的回归模型如下：

$$M_a \quad \text{Wear loss (mg)} = 140+63\times A+52\times B-39\times C+26\times D+56\times E-26\times F \quad (3-10)$$

$$M_b \quad \text{Wear loss (mg)} = 110+63\times A+33\times B-21\times C+13\times D+40\times E-25\times F \quad (3-11)$$

$$M_c \quad \text{Wear loss (mg)} = 100+59\times A+28\times B-22\times C+9.26\times D+38\times E-19\times F \quad (3-12)$$

$$M_d \quad \text{Wear loss (mg)} = 100+60\times A+29\times B-22\times C+7.61\times D+36\times E-17\times F \quad (3-13)$$

3.5.2.2　各因素对中部槽磨损的分析

为了研究各影响因素对于中部槽磨损的影响，通过 PB 试验磨损数据，经 Design expert 软件获得帕累托图及主效应图进行分析。

1. 帕累托图分析

帕累托图又称为排列图，是一种柱状图，按事件发生的频率排序而成，它显示由于各种原因引起的缺陷数量或不一致的排列顺序，是找出影响指标变化的主要因素的方法。只有找到影响指标变化的主要因素，才能有的放矢。图 3-7 表明了各因素对于指标的影响程度及重要性，任何因素超过 t 值的限制参考线即表示重要[144]。由帕累托图可知，影响中板磨损的主要因素排序依次为 *Ma*：AEBFCD，*Mb*：AEBCFD，*Mc*：AEBFCD，*Md*：AEBCFD。其分析结果表明，影响中部槽磨损的主要因素包括含水、含矸、载荷，此结果与方差分析结果一致。另外,含水、含矸、载荷、散料粒度产生正效应,而 HGI 指数及刮板链速产生负效应。

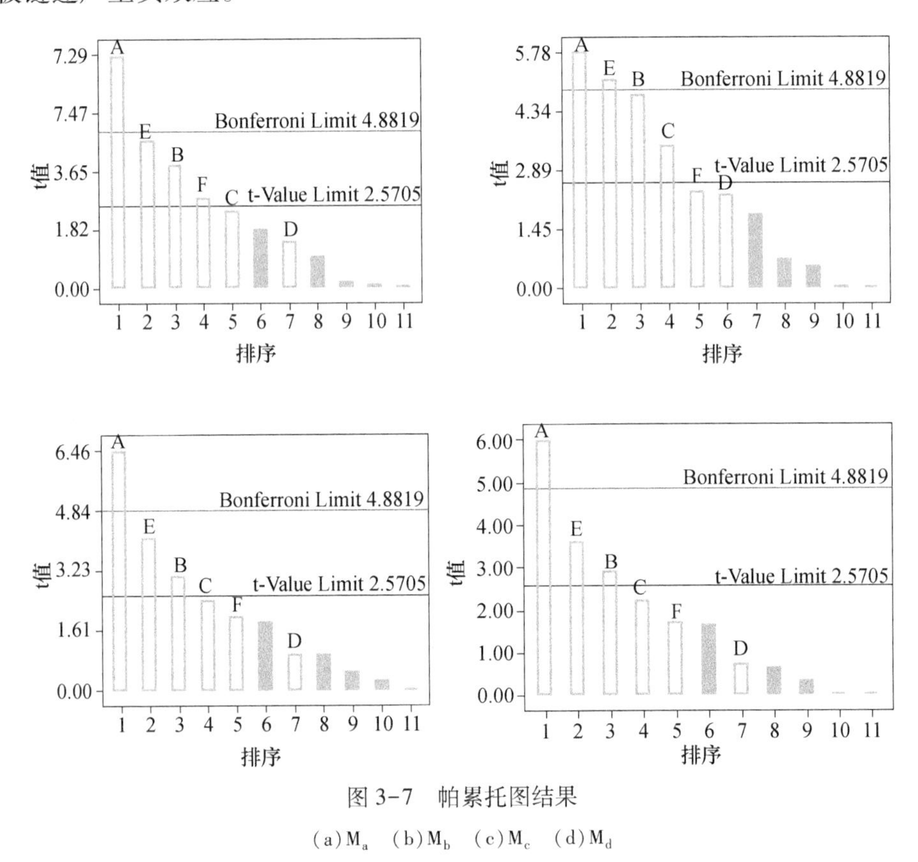

图 3-7 帕累托图结果

(a) M_a (b) M_b (c) M_c (d) M_d

2. 主效应图分析

以 M_d 为例,将各因素设置为中间水平,即 7.5% 含水,12.5% 含矸,HGI 指数为 63,散料粒度为 4mm,法向载荷为 22.5 N,刮板链速为 0.65m/s 时,将通过回归方程,获得的各因素分析如图 3-8 所示。由图 3-8 可知随着含水、含矸、颗粒粒度、法向载荷变大,磨损量变大,而随着 HGI 指数及刮板链速变大,磨损量变小。此趋势与帕累托图的分析结果一致。

分析原因如下,水含量的增加,使得颗粒粘性增加,松散的滚动颗粒变为固定颗粒,另外,煤散料中酸性物质溶于水导致中板表面腐蚀加剧,水含量从 0%增加的 15%,磨损量增加了 3 倍。诸多研究[23]表明含矸率越大,磨损越严重,而本研究中的结果正好验证了这一观点。相关学者采用 Pin-on-disc

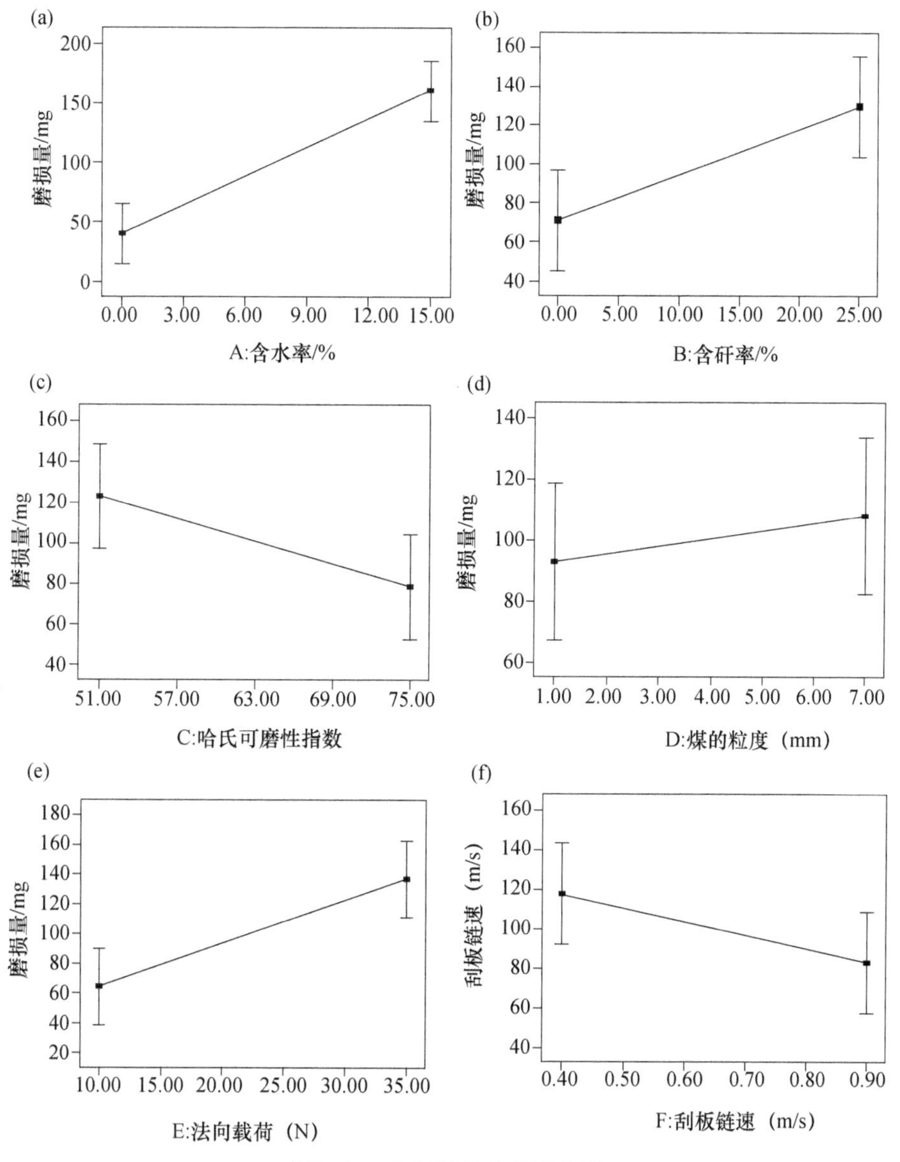

图 3-8　M_d 试样的主效应分析

磨损测试进行的磨料磨损试验结果表明[40]，磨损量随磨料粒度的增加而增大。通常认为，HGI 指数越大，煤磨碎所耗费的能量越小[145]。而本研究中，随着 HGI 指数变大，磨损量下降。另外，在本研究中，随着刮板链速度提高，磨损量反而变小，且刮板链速度在本磨损中的表现不够显著，一方面是由于中部槽工作速度较小，磨料摩擦发热小，钢板的磨损对这种速度下产生的摩擦热不敏感,速度影响较小[40,146]。另一方面,在磨损行程一定时,磨损速度越大,磨损时间越短,即腐蚀磨损越小,磨损速度越小,磨损时间越长,腐蚀磨损越大,在本试验中,刮板链速越大,磨损量反而越小。

经过对其他几种中板试样的主效应图分析,表现出同样的变化规律,此处不再赘述。

3.5.3 PB 试验总结

通过 PB 筛选试验,明确影响中部槽磨损的主要因素为含水率、含矸率、法向载荷,通过主效应分析得出含水率、含矸率、法向载荷及磨料粒度与磨损量之间呈正比关系,而 HGI 指数及刮板与磨损量之间呈负相关。

3.6 中部槽磨损中心复合试验

3.6.1 试验规划

通过 PB 试验结果,确定影响中部槽磨损的主要因素,因此本节重点考察含水率、法向载荷、含矸率、磨损行程四因素及耦合作用对磨损量的影响,获取中部槽磨损量与各因素之间的精确关系。试验 CCD 设计以磨损量为响应值,包含四因素五水平。四因素分别为:W,含水率;G,含矸率;F,法向载荷;L,磨损行程。将不显著因素 HGI、煤散料粒度、刮板链速在本阶段设置为定值,分别取 HGI 值为 58 的煤炭,粒度为 2~4mm,刮板链速为 0.9m/s。试验水平编码分-2、-1、0、+1 和+2 五类,具体变化范围和分布水平如表 3-11 所列。上试样及下试样选择同 3.5.1 节。

表 3-11 CCD 设计因素与水平

因素	变化范围和分布水平				
	-2	-1	0	+1	+2
含水率/%	0	5	10	15	20
含矸率/%	0	7	14	21	28
法向载荷/N	10	17	24	31	38
磨损行程/m	1500	2500	3500	4500	5500

3.6.2 试验结果及分析

采用 Design-Expert 软件中的 CCD 方法确定试验方案，对 W、G、F、L 四因素的试验设计和试验结果见表 3-12，包括阶乘点试验 16 组，轴向点试验 8 组。研究认为，n_c 越大则模型预测方差越稳定，本试验 n_c 设置为 6 组。整个试验矩阵共 30 组，磨损量响应值通过试验得出。

对表 3-12 试验数据进行多元回归拟合，得到磨损量的预测模型：

M_a　$Y = 0.02869 - 0.01726W - 0.00152G + 0.002013F + 2.76E-06L + 0.00022WG - 0.00011WF + 3.32E-06WL + 0.000114GF + 1.09E-06GL + 5.09E-08FL + 0.000647W^2 - 0.00011G^2 - 2.5E-05F^2 - 4.3e-09L^2$　(3-14)

M_b　$Y = -0.00564 - 0.01225W - 0.00018G + 0.001809F + 9.36E-06L + 0.00013WG - 8.3E-05WF + 1.86E-06WL + 6.77E-05GF + 4.6E-07GL - 2E-07FL + 0.000606W^2 - 4.2E-05G^2 - 1E-05F^2 - 2.1e-09L^2$　(3-15)

M_c　$Y = 0.080214 - 0.016556W - 2.94762e-3G + 3.96854e-4F - 1.5972e-5L + 2.05e-4WG - 9.85714e-5WF + 2.38e-6WL + 5e-5GF + 7.42857e-7GL + 3.92857e-8FL + 7.21833e-4W^2 + 1.19048e-5G^2 + 1.64966e-5F^2 - 5.54167e-10L^2$　(3-16)

M_d　$Y = 0.004316 - 0.01541W - 0.00012G + 0.002211F + 2.51e-7L + 1.74e-4WG - 1.2e-4WF + 1.85e-6WL + 9.06e-6GF + 2.69e-7GL - 3.5e-7FL + 7.99e-4W^2 + 1.58e-5G^2 + 2.32e-5F^2 + 1.49e-10L^2$　(3-17)

以 M_c 为例，对该回归模型进行方差分析以验证它的使用性，如表 3-13 所示。由表可知模型 $P<0.0001$ 整体极显著，表明模型可以高度拟合磨损过程。模型失拟项表示模型预测值与试验测量值不拟合的概率，该模型失拟项 $P=0.3859>0.05$，说明失拟项不显著，表明方程拟合良好。各因素对响应指标影响的显著性由 F 检验得到，P 值越小，则自变量对响应值影响越显著。根据表 3-13 分析可知，对磨损量预测模型影响极显著（$P<0.0001$）的因素有 W、G、L、W^2；F、WG、WL 因素（$P<0.05$）属于显著影响因素，其余因素不具有显著性。对其余几种中板材料进行分析，结果见表 3-14 所列，对磨损量预测模型影响极显著（$P<0.0001$）的因素有 M_a：W、G、L；M_b：W、G、L、W^2；M_d：W、G、L、W^2。属于显著影响因素（$P<0.05$）有：M_a：F、WL、W^2；M_b：WL；M_d：F、WG、WL。

表 3-12　CCD 试验规划及结果

编号	编码值				因素范畴	磨损量/g			
	W	G	F	L		M_a	M_b	M_c	M_d
1	-1(5)	-1(7)	-1(17)	-1(2500)	2^n 组阶乘点 16 组	0.0211	0.0166	0.0147	0.0129
2	1(15)	-1	-1	-1		0.0528	0.0406	0.0372	0.0309
3	-1	1(21)	-1	-1		0.0482	0.0384	0.0349	0.0348
4	1	1	-1	-1		0.1175	0.1009	0.0946	0.0962
5	-1	-1	1(31)	-1		0.0355	0.0247	0.0221	0.0244
6	1	-1	1	-1		0.0765	0.0586	0.062	0.0569
7	-1	1	1	-1		0.0883	0.0574	0.0528	0.0557
8	1	1	1	-1		0.1261	0.1107	0.0958	0.1046
9	-1	-1	-1	1(4500)		0.0321	0.0231	0.0179	0.0197
10	1	-1	-1	1		0.1353	0.1121	0.1044	0.1021
11	-1	1	-1	1		0.0733	0.0616	0.0448	0.0522
12	1	1	-1	1		0.2129	0.1576	0.164	0.1601
13	-1	-1	1	1		0.0496	0.0307	0.035	0.0373
14	1	-1	1	1		0.1245	0.0957	0.089	0.0905
15	-1	1	1	1		0.1223	0.094	0.0835	0.0842
16	1	1	1	1		0.2497	0.1668	0.1793	0.1494
17	-2(0)	0(14)	0(24)	0(3500)	$2n$ 组轴向点 8 组	0.0654	0.0465	0.0444	0.0468
18	2(20)	0	0	0		0.2143	0.1718	0.187	0.2015
19	0(10)	-2(0)	0	0		0.0026	0.0029	0.0018	0.0029
20	0	2(28)	0	0		0.1059	0.0777	0.0899	0.0917
21	0	0	-2(10)	0		0.0525	0.0376	0.0298	0.0316
22	0	0	2(38)	0		0.0881	0.0553	0.0637	0.0659
23	0	0	0	-2(1500)		0.0306	0.0226	0.0255	0.0241
24	0	0	0	2(5500)		0.0856	0.0578	0.0571	0.0655
25	0	0	0	0	n^c 组中心点 6 组	0.0895	0.0571	0.0406	0.0433
26	0	0	0	0		0.0901	0.0571	0.0497	0.0533
27	0	0	0	0		0.0821	0.0651	0.0567	0.05
28	0	0	0	0		0.07	0.06	0.0308	0.0389
29	0	0	0	0		0.08	0.0489	0.0618	0.04
30	0	0	0	0		0.108	0.0641	0.0549	0.0527

表 3-13　中板材质 *Mc* 的 CCD 试验设计二次多项式模型方差分析

方差来源	自由度	平方和	F 值	P 值
模型	14	0.059	25.86	<0.0001*
W	1	0.027	165.14	<0.0001*
G	1	0.012	75.16	<0.0001*
F	1	0.001273	7.77	0.0138*

续表

方差来源	自由度	平方和	F 值	P 值
L	1	0.005612	34.26	<0.0001*
WG	1	0.0008237	5.03	0.0405*
WF	1	0.0001904	1.16	0.2980
WL	1	0.002266	13.83	0.0021*
GF	1	0.000009604	0.59	0.4558
GL	1	0.00004326	2.64	0.1250
FL	1	0.0000121	0.007386	0.9327
W^2	1	0.008932	54.52	<0.0001*
G^2	1	0.00009333	0.057	0.8146
F^2	1	0.00001792	0.11	0.7454
L^2	1	0.0000008432	0.051	0.8237
残差	15	0.002457		
失拟项	10	0.001797	1.36	0.3859
纯误差	5	0.0006602		
总和	29	0.062		
$R^2=0.9603$；$R^2_{adj}=0.9232$；精密度=20.142				
注：* 表示该项显著（$P<0.05$）				

表 3-14　中板材质 Ma、Mb、Md 的方差分析

方差来源	P 值		
	M_a	M_b	M_d
模型	< 0.0001*	< 0.0001*	< 0.0001*
W	< 0.0001*	< 0.0001*	< 0.0001*
G	< 0.0001*	< 0.0001*	< 0.0001*
F	0.0089*	0.0716	0.0053*
L	< 0.0001*	< 0.0001	< 0.0001*
WG	0.0900	0.1812	0.0305*
WF	0.3713	0.3839	0.1068
WL	0.0014*	0.0115*	0.0025*
GF	0.2071	0.3220	0.8640
GL	0.0919	0.3363	0.4715

续表

方差来源	P 值		
	M_a	M_b	M_d
FL	0.9343	0.6760	0.3477
W^2	0.0002*	< 0.0001*	< 0.0001*
G^2	0.1288	0.4202	0.6963
F^2	0.7153	0.8384	0.5677
L^2	0.2096	0.4147	0.9400

3.6.3 响应曲面分析

以 M_c 为例进行响应曲面分析,经 Design-Expert 分析,得出具有显著性耦合作用项 WG、WL 对磨损量的响应面及其等高线图。图 3-9 显示了当法向载荷及磨损行程固定在零水平时,含水率和含矸率对磨损量的影响。由图 3-9(a)可知,在试验数据的整个空间内,磨损量随着含矸率的增大而增加。由等高线图 3-9(b)可知,含水率低于 5%时,随着水含量增加,磨损量有变小趋势,当含水率在 5%~20%时,随着含水率的增加,磨损量逐渐增大。分析原因,当含水率低于 5%时,水分完全被煤散料吸收,相比不含水时煤散料变软,颗粒韧性提高,颗粒在受到载荷冲击时密实区间变大,不易破碎从而使磨损量变小;当含水超过 5%时,颗粒吸水逐渐饱和,一方面颗粒中可溶性矿物质水解,导致煤体强度降低;另一方面水对煤产生孔隙水压力作用,使其受载时产生很高孔隙压力,极易使表面微裂纹发生扩展,造成煤颗粒破碎。磨料的原始颗粒被破碎成锐利多角的碎块,使磨损加剧。随着水含量的继续增

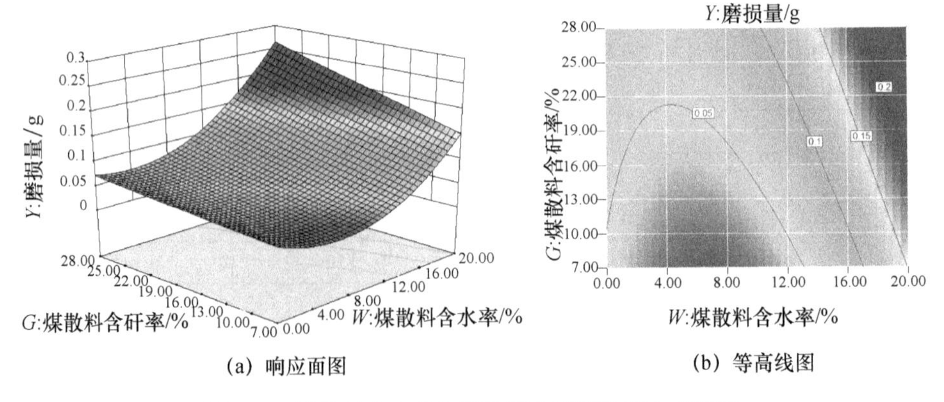

(a) 响应面图　　(b) 等高线图

图 3-9　煤散料含水率与煤散料含矸率的耦合作用图

加,表面水变多,颗粒间黏性变大,使颗粒流动性变差,同时表面水中的酸性物质在金属试样表面产生腐蚀作用,使磨损进一步增大。等高线的形状反映了两种因素耦合作用的显著性,一般来讲,椭圆表示耦合作用显著,圆形相反。故由图可知 *WG* 耦合作用对磨损量的影响显著。

图 3-10 显示了当法向载荷及含矸率固定在零水平时,含水率和磨损行程对磨损量的影响。由响应面图可知,含水率<5%时,随着磨损行程变大,磨损量的变化较小。当含水率>5%时,随着磨损行程的增加,磨损量明显增加。可见磨损行程与含水率具有明显耦合作用。

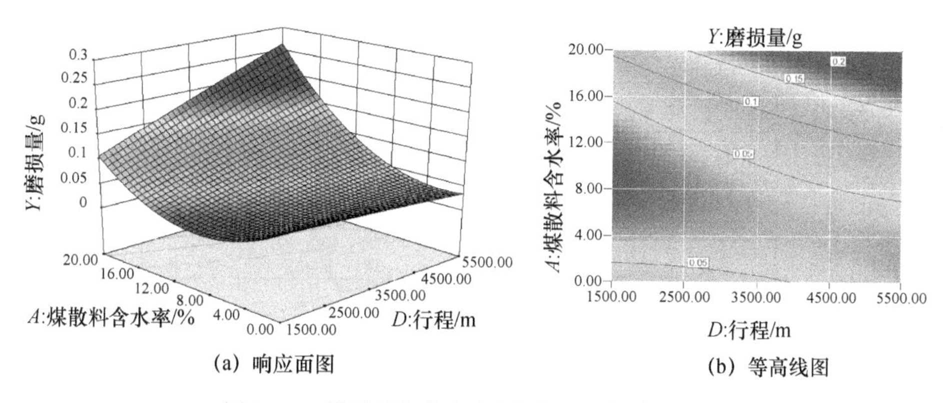

(a) 响应面图　　(b) 等高线图

图 3-10　煤散料含水率及磨损行程的耦合作用图

对其他几种中板的响应曲面分析此处不再赘述,经过耦合作用试验结果表明,煤散料含水率是影响磨损的关键性因素,在其与含矸及行程的耦合作用中,磨损量变化更为显著。

3.6.4　CCD 磨损回归预测模型及验证

以中板 M_c 为例进行说明,在保证模型极显著、失拟项不显著的基础上去掉不显著项,模型简化为

$$Y=0.042697-0.018847W+1.18571e-3G+1.04048e-3F-8.50833e-6D+2.05e-4WG+2.38e-6WL+7.18111e-4W^2 \quad (3-18)$$

优化后的模型方差分析如表 3-15 所示。从中可得优化后的模型各项均达到理想水平。决定系数 $R^2=0.9480$,校正系数 $R_{adj}^2=0.9314$,二者均接近于 1,表明拟合方程可靠度高,精密度增大到 29.508,模型精确度较优化前提高,可用于预测磨损量。

表 3-15　CCD 试验优化模型方差分析

方差来源	自由度	平方和	F 值	P 值
模型	7	0.059	57.28	<0.0001
W	1	0.027	185.02	<0.0001
G	1	0.012	84.20	<0.0001
F	1	0.001273	8.71	0.0074
L	1	0.005612	38.38	<0.0001
WG	1	0.0008237	5.63	0.0268
WL	1	0.002266	15.5	0.0009
$W2$	1	0.009282	63.48	<0.0001
残差	22	0.003217		
失拟项	17	0.002557	1.14	0.4835
纯误差	5	0.0006602		
总和	29	0.062		
$R^2=0.9480$；$R^2_{adj}=0.9314$；精密度=29.508				

为验证磨损量模型的准确性，针对三组不同条件下的磨损量进行试验及预测，见表 3-16。预测模型准确率[147]达到 80%以上，应用 T 检验对预测结果及试验结果进行分析，得到 $P=0.493926>0.05$，表明预测结果与真实试验值无显著性差异。

表 3-16　试验结果及模型预测结果

试验序号	试验条件				试验值/g				预测值/g	准确度
	含水率/%	含矸率/%	磨损行程/mm	法向载荷/N	1	2	3	平均值		
1	15	10	4 320	10	0.075 8	0.086 3	0.084 1	0.082 1	0.092	88%
2	0	25	3 840	10	0.074	0.052 1	0.049	0.058 4	0.050 1	86%
3	15	25	3 840	35	0.185 9	0.221 1	0.193 4	0.200 1	0.168 9	84.5%

通过对其余中板进行分析，得预测模型如下：

$$M_a\quad Y=0.041724-0.020894W+2.06905e-3G+1.49107e-3F-1.05083e-5L+2.20179e-4WG+3.31625e-6WL+6.94694e-4W^2 \tag{3-19}$$

M_b　$Y=0.023189-0.014656W+1.88571e-3G+7.32738e-4F-3.46667e-6L+1.29821e-4WG+1.86375e-6WL+6.27083e-4W^2$　(3-20)

M_d　$Y=0.030322-0.018218W+0.00148G+0.000968F-3.4e-6L+1.737e-4WG+1.85e-6WL+7.9e-4W^2$　(3-21)

3.7 中部槽磨损单因素试验

3.7.1 试验准备及规划

基于上述多因素试验研究结果，进一步分析各显著性因素与磨损量之间的磨损规律。研究磨料因素（含水、含矸）及工况因素（法向载荷、磨损行程）对中部槽体积磨损的影响。基于各因素不同变化，研究提高中板硬度对于中部槽耐磨性的改善程度。试验以中国神木煤为磨料，粒度为3～5mm。设置刮板链速为0.9m/s。将磨损质量换算为磨损体积，进行研究。上试样及下试样的选择同3.5.1节。

1. 磨料及工况因素对中板磨损的影响

以中板材料M_a为试验对象，以含水率10%、含矸率14%、法向载荷24N、滑移距离3500m为基准，通过单因素变化进行磨损试验，获得积磨损量随各单因素变化的情况。试验规划见表3-17。

表3-17　单因素试验规划

试样	含水率/%	含矸率/%	法向载荷/N	磨损行程/m
M_a	5,10,15,20	14	24	3500
M_a	10	7,14,21,28	24	3500
M_a	10	14	17,24,31,38	3500
M_a	10	14	24	2500,3500,4500,5500

2. 提高中板钢硬度对于耐磨性的影响

针对不同硬度的中板材质，选择5种不同工况进行磨损试验，研究硬度变化对于摩擦系统耐磨性的改善作用。其中Condition-1为最轻微工况，含水、含矸、法向载荷、滑移距离均处于最低水平。Condition-2~Condition-5 则分别改变含水、含矸、法向载荷及磨损行程,研究随着中板钢硬度增加,磨损量的变化情况,试验规划如表 3-18 所列。

表 3-18　不同硬度磨损试验

试样	含水率/%	含矸率/%	法向载荷/N	磨损行程/m
$M_{(a、b、c、d)}$	5	7	17	2500(Condition-1)
$M_{(a、b、c、d)}$	10	7	17	2500(Condition-2)
$M_{(a、b、c、d)}$	5	14	17	2500(Condition-3)
$M_{(a、b、c、d)}$	5	7	24	2500(Condition-4)
$M_{(a、b、c、d)}$	5	7	17	4500(Condition-5)

3.7.2　试验结果及分析

3.7.2.1　单因素影响

含水率、含矸率、载荷及磨损行程对于中板试样 M_a 体积磨损的影响,如图 3-11 所示。试验数据通过直线拟合,拟合直线的斜率分别表示针对含矸、含水、载荷及行程变化的体积磨损率。针对每种变量所拟合的直线方程判定系数 R^2 分别为 0.935,0.969,0.987,0.988,可见,各方程具有较高的参考价值,表明磨损量与各单因素之间存在线性关系。

在煤散料的磨损试验中,含水率增加 4 倍,体积磨损量增加 4 倍以上,如图 3-11(a)所示。当含矸率从 7%增加到 28%时,其体积磨损量从 6.56mm^3 增加到 15.99mm^3,如图 3-11(b)所示。可见含矸率增加 4 倍时,体积磨损量增加 2 倍以上。载荷及磨损行程对于磨损量的影响分别如图 3-11(c)(d)所示,当载荷及磨损行程增加 4 倍以上时,磨损量分别增大约 1/3 倍及 1 倍以上。由此可见,在中部槽磨损试验中,磨料中含水率对于磨损体积的影响要远大于载荷及磨损行程,而含矸率次之。

相关学者在针对岩石含水或者煤散料含水对于磨损的影响进行了大量研究。有些学者认为含水率越大,在岩石切割试验中所消耗的能量越小[148]。Shi[23]认为水是一把双刃剑,一方面在一定程度上可以减少磨损,另一方面磨损时间过长,就会对中板材料造成腐蚀从而加剧磨损。可见,针对

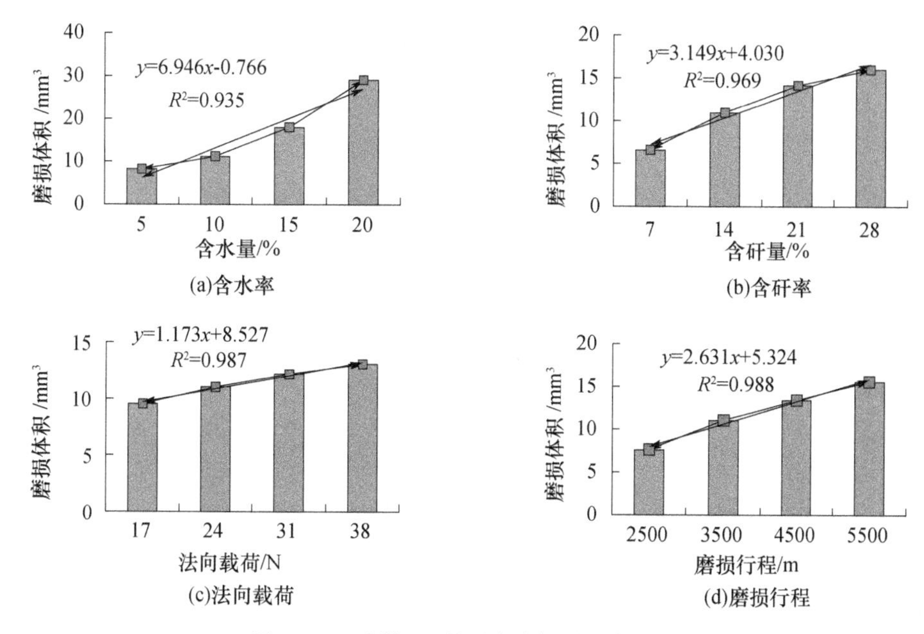

图 3-11 试样 *Ma* 单因素磨损试验磨损量

不同的岩石磨料,水含量的增加,会表现出不同的磨损变化。在本书煤散料磨损研究中,含水率增加会使磨损体积变大且相对于其他因素,其影响更为显著。含矸石率增大,磨损变大,结果与 Shi[23] 的结论相印证,含矸率越大则中板磨损越大。随着法向载荷及磨损行程变大,其对于磨损的影响要小于含水率及含矸率。Sapate[149] 研究认为法相载荷对于磨损的影响要大于磨损行程及料浆密度。这也许是因为所用载荷远高于本研究中所加载载荷,且试验使用磨料是微米级的硅砂磨料。而 Sinha[150] 的研究中使用的载荷为 10~30N,他的研究认为载荷对于磨损的影响相对于磨损行程及颗粒粒度较小,与本书结论类似。分析可知,中部槽的磨损中,煤散料的含水率及含矸率对磨损的影响要明显高于磨损工况法向载荷及磨损行程的影响。

3.7.2.2 增加中板硬度对于耐磨性的影响

如图 3-12 所示,随着中板硬度增加 $M_{(a、b、c、d)}$,在不同工况下磨损体积发生变化。Condition-1 为最轻微工况,当中板硬度从 317 HB 提高到 504 HB 时,磨损量从 2.68mm^3 降到 1.5mm^3。在 Condition-1 的基础上,将含水率提高至 10%,此时 Condition-2 工况下磨损体积从 6.72mm^3 降到 4.44mm^3。Condition-3 为增加含矸率为 14 %时的磨损变化情况,随着硬度变化,磨损量

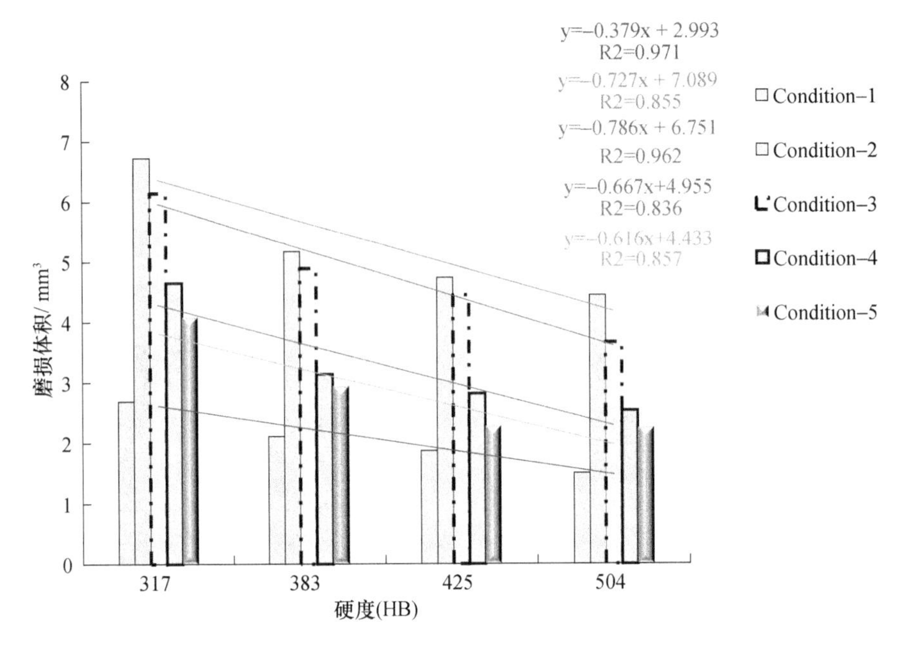

图 3-12 不同硬度试样在 Condition-1,Condition-2,Condition-3,Condition-4 及 Condition-5 工况的磨损

由 6.14 降到 3.66mm^3。Condition-4 及 Condition-5 分别为增加法向载荷为 24 N 及磨损行程变为 4500mm 时,随着硬度增加,磨损量变化分别为由 4.6mm^3 降到 2.5mm^3 以及从 4.1mm^3 降到 2.25mm^3。通过以上数据变化范围可知,含水及含矸率变化对于磨损量的影响最大,其次是载荷及磨损行程,此结论与 3.7.2.1 节结论相印证。但是不同工况下,磨损硬度增加对于磨损量的改善表现出明显差异。

针对不同工况条件,依据磨损变化数据进行直线拟合,直线斜率表示随着硬度提高时磨损体积变化率,通过直线拟合结果可知,斜率从大到小依次为 Condition-3>Condition-2>Condition-4>Condition-5>Condition-1。可见提高中板硬度可以有效提高煤散料磨损系统的抗磨损性能,其在不同工况下性能改善力度有所差别,表现为含水工况及含矸工况改善显著,重载及行程较大时次之。Bhakat 等[151]研究了不同硬度钢板在载荷及磨损行程变化的磨损性能,认为载荷及磨损行程越大,磨损量变大,且随着钢板硬度变大,耐磨性增强,磨损减小,与本研究中结果相印证。Gates[120]等研究认为,当磨料的莫氏硬度小于 6HB 时,球磨机在磨损中选择越硬的马氏体钢,抗磨损性能越好。本研究中所选磨料莫氏硬度均低于6HB,不同的磨料情况下均表现为试样越硬磨损性能越好,与Gates的结果相印证。应当指出的是,之前在进行煤散料磨损研究及煤矿材料设计时,较少考虑煤料含水情况及含矸对于磨损的影响,通过本研究的结果表明,为了提高摩擦系统的抗磨性能,在提高设备硬度时,不应该只考虑重载和行程较大时,煤散料含水较大及含矸率较大时,更应该考虑通过提高硬度来提升抗磨损性能。

3.8 中部槽磨损因素交互试验

3.8.1 试验规划

针对不同硬度的中板材料,在不同含水率(5%,10%,15%,20%)、不同含矸率(7%,14%,21%,28%)、法向载荷(17N,24N,31N,38N)以及磨损行程(2500m,3500m,4500m,5500m)交互变化下进行磨损试验。通过交互作用研究,在Archard磨损模型的基础上,构建中板磨损模型。试验规划见表3-19。

表3-19 因素交互磨损试验

试样	含水率/%	含矸率/%	法向载荷/N	磨损行程/m
$M_{(a、b、c、d)}$	5	7	17	2500
$M_{(a、b、c、d)}$	10	14	24	3500
$M_{(a、b、c、d)}$	15	21	31	4500
$M_{(a、b、c、d)}$	20	28	38	5500

3.8.2 改进的Archard模型构建及验证

针对因素交互试验结果,分别以Archard模型$S \times L/H$为横坐标,磨损量为纵坐标,绘制如图3-13所示数据点图,对数据点进行直线拟合,得到拟合方程式(3-22);基于Archard模型,以5因素交互$S \times L \times W \times G/H$为横坐标,磨损量为纵坐标建立的数据点如图3-14所示,直线拟合方程见式(3-23)。采用Excel对两组数据进行线性拟合并进行回归效果检验,如表3-20所列。

$$y = 0.01089 \times S \times L/H - 11.7231 \tag{3-22}$$

$$y = 0.0002 \times S \times L \times W \times G/H + 3.3685 \tag{3-23}$$

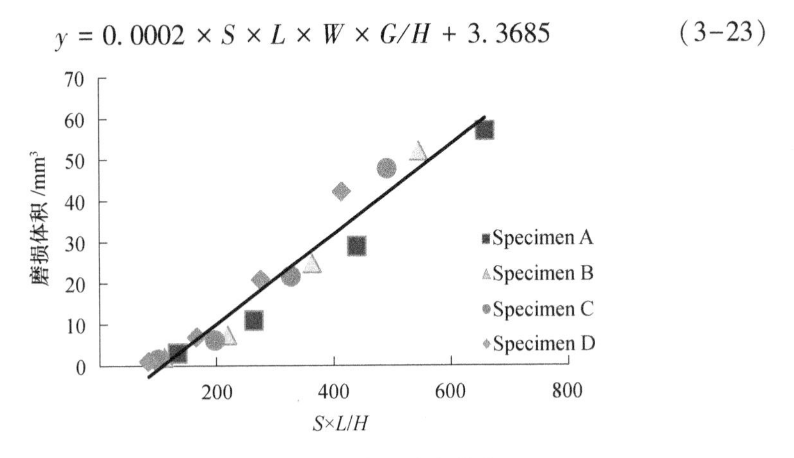

图 3-13　S×L/H 为横坐标的磨损体积

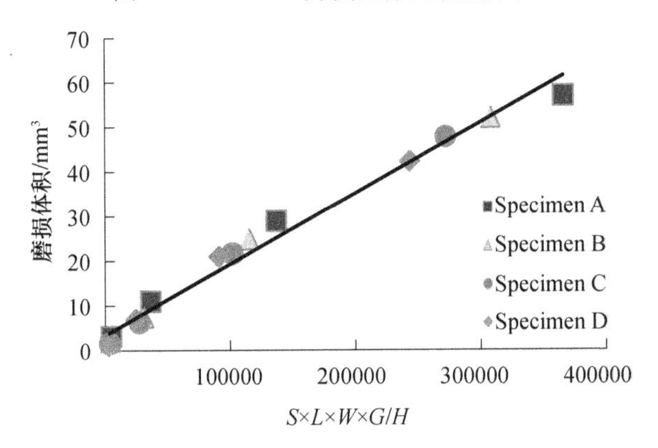

图 3-14　$S×L×W×G/H$ 为横坐标时的磨损体积

通过相关系数检验法可知，两个回归模型 R^2 均接近于 1，式(3-23)的线性相关程度更高。F 检验的结果表明，当显著性水平取 0.05 时，两个方程 $F>F_{0.05}(1, 14)$，说明所建立的回归方程具有十分显著的线性关系。残差分析认为残差标准差越小，说明曲线拟合得越好，可知式(3-23)的线性拟合好于式(3-22)。

表 3-20　回归分析

参数		式(3-22)	式(3-23)
		$y=0.1089×S×L/H-11.7231$	$y=0.0002×S×L×W×G/H+3.3685$
相关系数检验	R^2	0.946	0.985
F 检验	F	242	835
	$F_{0.05}(1,14)$	3.08e-10	6.99e-14
	残差标准差	22.004	6.652

Cozza[152]通过严重程度来描述微磨料磨损过程，他认为体积磨损与硬度的倒数具有线性关系。然而，不同材料的耐磨性并不都可以用式(3-22)来表示。Sapate 等[144]认为耐磨性并不应该只与材料硬度有关，通过提出严重程度参数来预测磨损程度，此参数与载荷、石灰料密度、磨损行程及颗粒粒度相关。在本书中通过研究发现既考虑工况因素比如磨损行程、法向载荷，又考虑煤散料的含水率、含矸率以及材料硬度，相对于仅考虑磨损工况因素时，所得的预测模型更加可靠。

为了更进一步验证所建立模型的准确性，针对单因素试验的试验结果，总计 36 组试验数据，依据工况及磨料因素分别采用式(3-22)及式(3-23)进行磨损体积预测，试验结果及预测数据对比如图 3-15 所示，从图 3-15 可知，采用式(3-22)进行预测的结果，与实际数据差距明显，在数据贴近度及趋势方面都与试验数据相差甚远。而采用式(3-23)的预测数据具有与试验结果相同的变化趋势，趋势一致性较好。采用直线距离法对两组数据进行贴近度计算：

$$D(p,m) = 100 - \frac{1}{n}\sum_{i=1}^{n}\left|\frac{p_i - m_i}{m_i}\right| \times 100\% \qquad (3-24)$$

式中：D 为贴近度；P_i 为第 i 组试验的预测数据；m_i 为第 i 组试验数据；n 为总共试验次数，此处为 36。

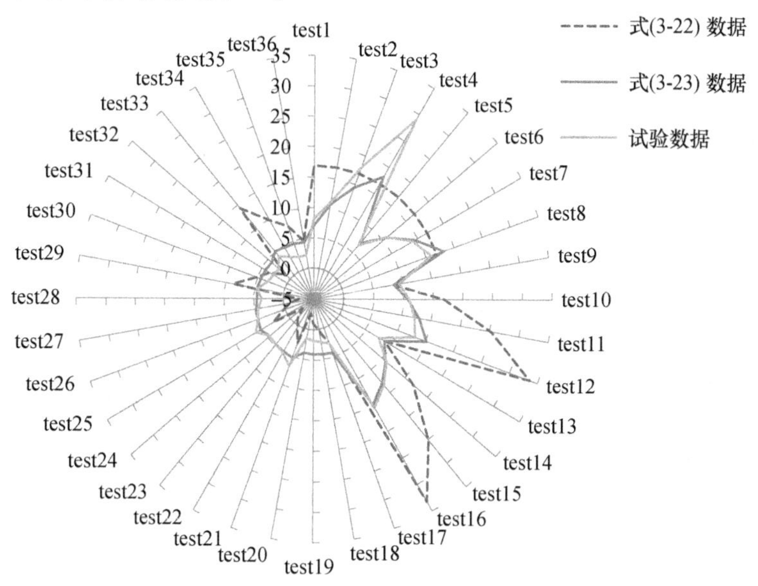

图 3-15　预测数据与试验数据的比较

通过计算得式(3-22)及式(3-23)的预测数据与试验结果的贴近度分别为3.04、73.1,可见式(3-23)具有更好的预测性能。由此可见,在煤散料的磨损试验中,将磨损工况及磨料因素综合考虑来预测磨损变化,具有较高的准确度。

3.9 基于因素变化的磨损机理分析

通过光学显微镜,结合聚焦形貌恢复技术,基于3.7节中5种不同工况进行磨损试验,以试样 M_a 为研究对象,对不同因素作用下的磨损形貌变化进行分析。

图3-16(a)和(b)显示了磨损试验前的试样的形貌。由于抛光过程,表面存在氧化及抛光痕迹。

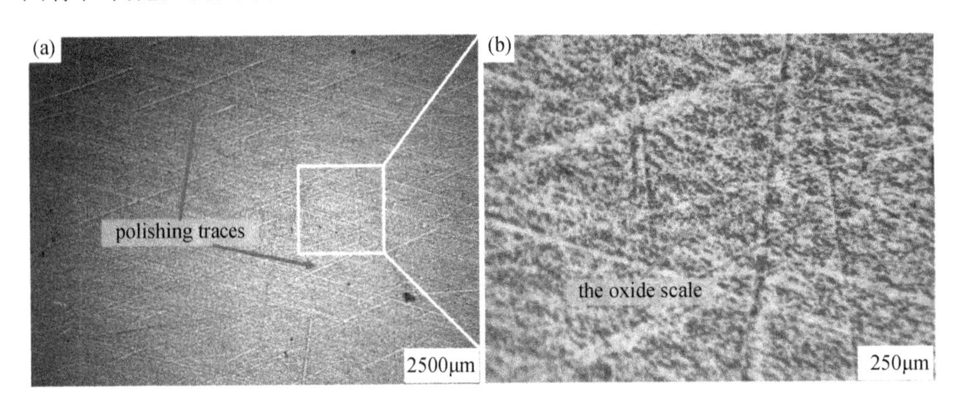

图3-16　磨损试验前的 M_a 试样形貌

图3-17(a)(b)为Condition-1时的显微图片及磨痕三维轮廓图,可以看出下式样材料表面有明显的犁削痕迹。由于煤颗粒在上、下试样间形成三体磨损,沿滑动方向对试样表面进行犁削,材料产生塑性流动,形成犁沟,犁沟侧边形成脊背。通过轮廓图测得两条犁沟的宽度约为48μm、55μm,深度达7μm。分析认为当工况因素为较轻时,其磨损机理为以微犁削为主的磨料磨损。

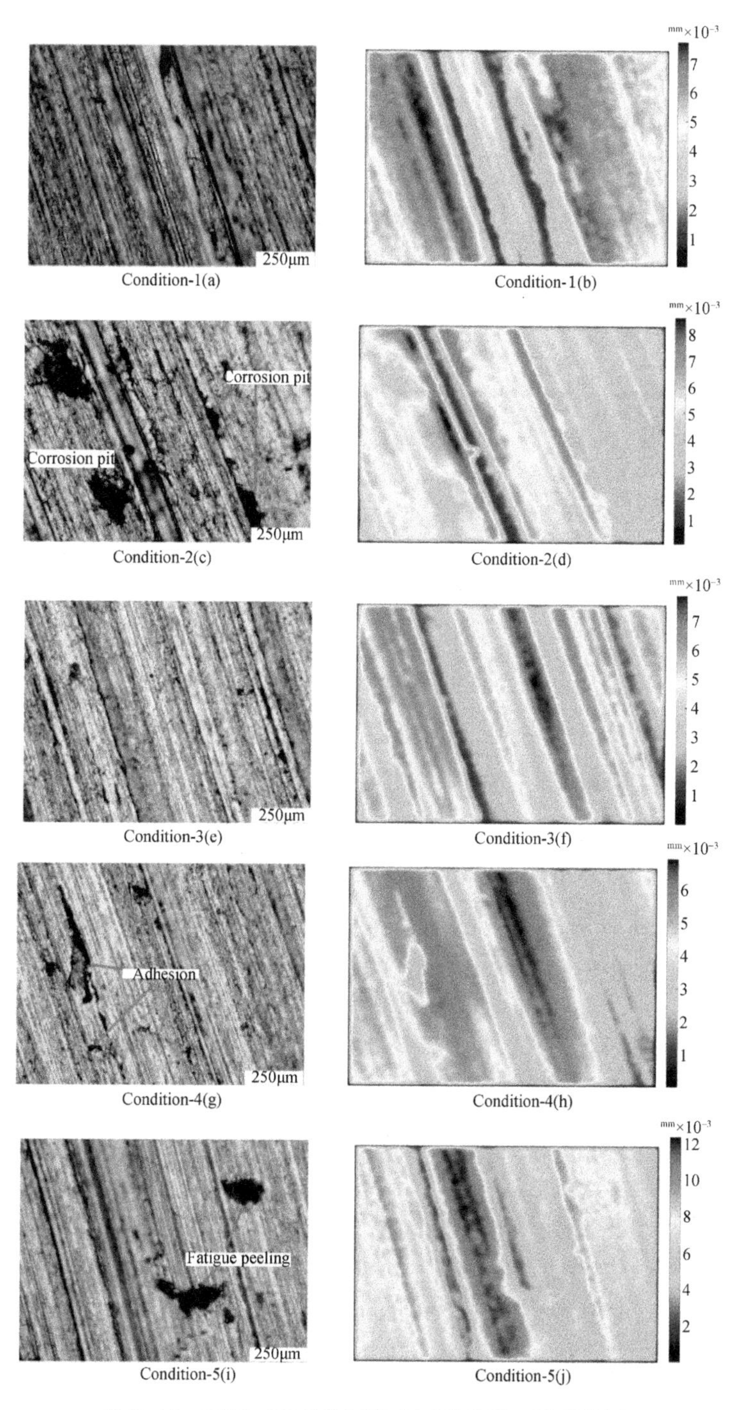

图 3-17　不同工况条件下的表面形貌及三维形貌图

3.9.1 含水变化磨损机理分析

试验过程如图 3-18 所示，当含水为 5 %时，煤散料干燥松散、流动性好，见图 3-18(a)；但当含水率达到 10 %时，在料槽内中形成一层煤墙，煤散料粘结成团块状，粘黏在上试样周围，流动性变差，见图 3-18(b)。

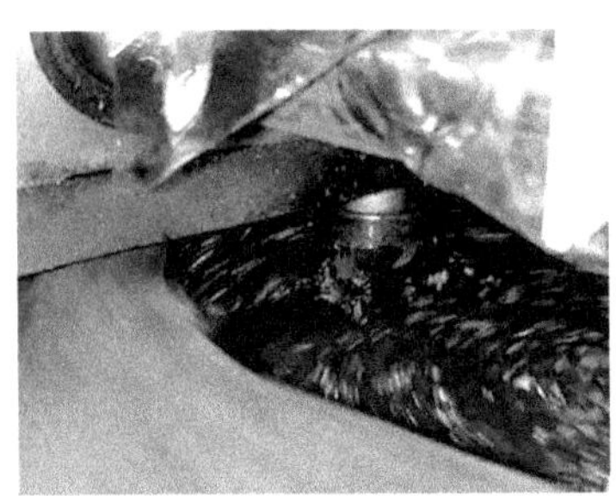

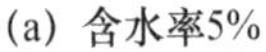

(a) 含水率5%　　(b) 含水率10%

图 3-18　磨料磨损试验过程

图 3-17(c)(d)为含水率变化时测得的显微图片及磨痕三维轮廓，表面存在明显的磨粒磨损和腐蚀凹坑。随着煤散料中水含量的增加，使得摩擦系统发生化学腐蚀现象，形成大片点蚀坑，如图 3-17(c)所示。一方面水含量使得颗粒强度降低，变得易碎；另一方面表面含水使得煤颗粒的流动性变差，从而使得颗粒从滚动变为滑移，加剧了表面的磨损，从轮廓图中测得的犁沟宽度为 35μm，较 Condition-1 时有所减小，但犁沟深度有所增加，达 8μm。分析认为当含水率变大时，其磨损机理综合为腐蚀磨损及以微犁削为主的磨料磨损。

3.9.2 含矸变化磨损机理分析

图 3-17(e)(f)为 condition-3 时显微图片及磨痕三维轮廓图，表面存在明显的磨粒磨损痕迹。从轮廓图可知表面犁沟数量较之前 Condition-1 时明显增加，可见含矸率增加，加剧了金属表面的犁削作用。分析认为当矸石含量增加时，其磨损机理表现为更严重的微犁削磨料磨损。

3.9.3 载荷变化磨损机理分析

图 3-17(g)(h)为 Condition-4 时测得的显微图片及磨痕三维轮廓，表现

为磨粒磨损及粘着磨损痕迹。随着载荷变大,磨损形式以上式样与下式样直接接触粘着磨损为主,接触点焊合在一起,形成粘着,摩擦副相对运动形成粘着—剪断—再粘着—再剪断的循环过程,产生粘着磨损。由轮廓图 3-17(h)可知,犁沟深度较之 condition-1 时变小。分析认为,当载荷变大,磨损过程中主要表现为以上、下试样之间的粘着磨损为主,伴有磨料磨损。

3.9.4 行程变化磨损机理分析

图 3-17(i)(j)为 Condition-5 时测得的显微图片及磨痕三维轮廓,表现为磨粒磨损及疲劳凹坑。随着磨损行程变大,犁沟形成的凸脊被碾平,经过反复的塑性变形,导致材料产生裂纹,裂纹不断扩展,使其表面形成薄片状的脱落。将轮廓图 3-17(j)与 Condition-1 时的进行比较,磨损表面整体体积损失较大,犁沟深度达 12μm。分析认为,随着磨损行程增加,磨损机理主要表现为微犁削磨损及疲劳剥落。

3.9.5 硬度变化磨损机理分析

材料的硬度越高,磨损量越小,尤其在恶劣工况条件下。为便于比较分析,分别选取 M_a、M_b、M_d 三组试样在因素交互试验(含水 20 %,含矸 28 %,法向载荷 38 N,磨损行程 5500m)的磨料磨损试验后的表面为观察对象,通过光学显微镜对其表面进行观察与分析,如图 3-19 所示。

图 3-19(a)对应的磨损质量为 0. 3561 g;图 3-19(b)对应的磨损质量为 0. 283 g;图 3-19(c)对应的磨损质量为 0. 2712 g。从图 3-19 中可以看出,不同硬度中板试样的表面磨损形貌存在一定的差异。图 3-19(a)中,硬度低的试样表面损伤主要表现为犁沟和大的疲劳剥落坑。其犁沟痕迹明显,这主要是煤散料及矸石磨料在滑动磨损过程中形成坚硬小颗粒,犹如尖锐棱角的磨粒沿材料表面滑移而形成犁沟,同时在磨损表面形成塑性变形隆起与凹谷,这种塑变隆起最终因反复塑变硬化而剥落。因此,M_a 材料在磨损中除了存在磨料磨损,还存在反复塑性变形引发的较为严重的疲劳脆化剥落。从图 3-19(b)观察可知,由于 M_b 材料本身韧性好,且具有较好的综合力学性能,在磨损中形成的犁沟较浅,磨沟两侧的隆起不明显,但任何形式的塑性变形最终都可能因材料的塑变强化和塑性耗尽而转变为脆性断裂,其表面存在小的剥落坑。从图 3-19(c)可

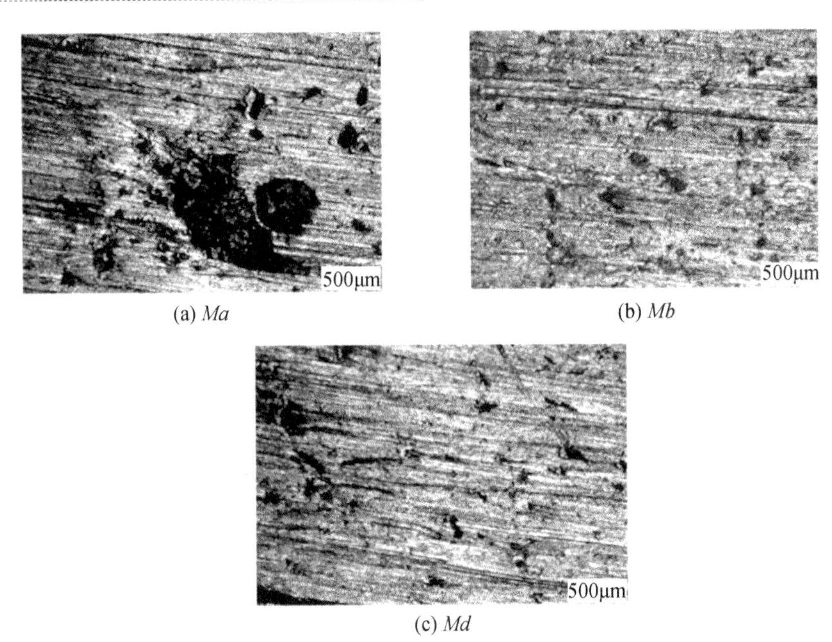

(a) *Ma* (b) *Mb*

(c) *Md*

图 3-19 不同材料硬度的磨损表面形貌图

知,M_d 的硬度较大,磨料对磨面的犁皱情况减轻,从而减少了应变疲劳剥落磨损,只是局部区域由于塑性流变较严重而导致母体材料剥落现象。

通过对煤散料不同因素下的磨损分析,得出煤散料磨损机理如图 3-20 所示,煤散料作用下的金属的磨损机理主要以微犁削为主的磨料磨损为主。当煤散料中含水率增加时,会在金属表面产生严重的腐蚀磨损,矸石含量的增加会加剧微犁削磨损。当表面载荷增加时,会加剧金属之间的粘着磨损。另外,当磨损行程变大时,磨损表面不断塑性变形导致疲劳脱落,整体表现为微犁削磨损及疲劳剥落。

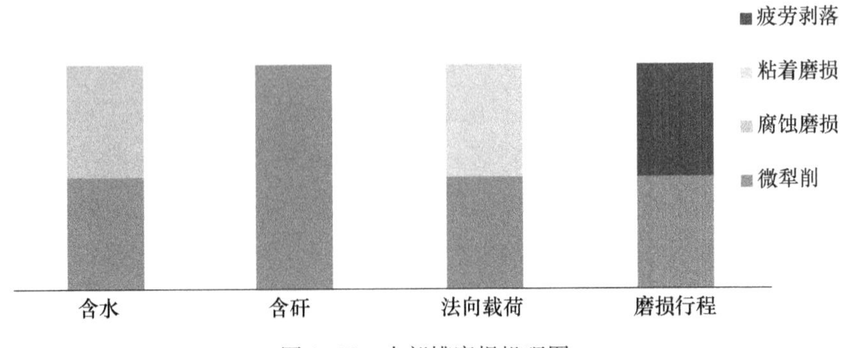

图 3-20 中部槽磨损机理图

3.10　本章小结

本章通过设计中部槽磨损试验台,模拟中部槽中板的磨损失效过程。首先通过多因素筛选 PB 试验,明确影响中部槽磨损的显著性因素。基于筛选试验结果,通过 CCD 试验研究各显著性因素之间的耦合作用关系,并获得磨损量的回归预测模型。通过单因素及因素交互试验,进一步研究显著性因素含水率、含矸率、法向载荷、磨损行程及中板硬度变化对于中部槽磨损的影响并获得改进的 Archard 的经验模型。最后,通过电子显微镜及聚焦形貌恢复技术对中部槽磨损表面进行形貌分析,探索不同工况作用下中部槽的磨损机理变化,明确不同因素下中部槽的主要磨损机理。

第4章 基于EDEM的刮板输送机中部槽磨损模型与仿真

4.1 引　言

磨损问题复杂而庞杂,其中涉及的不可控因素及变量较多,仅依靠试验研究需要耗费大量的人力、物力及财力,而采用模拟仿真手段为磨损研究提供便利。通过离散元法进行中部槽磨损仿真研究,一方面可以很好模拟实际工程应用,另一方面可以有效节省研究成本。但目前磨损仿真研究仍然存在着仿真模型预测结果与实际预测差距较大、模型过于简化导致精度不高以及缺乏可靠的仿真微观参数等问题。为了建立更加准确的中部槽磨损分析模型,在分析和理解离散元及多体动力学理论基础上,采用离散元与多体动力学耦合的方法建立分析模型;为了获得更加可靠的仿真微观参数,采用相关试验设计对不同含水率下的煤散料接触参数进行标定;模拟中部槽磨损规律变化,通过试验结果对比以验证模型的准确性;基于所建立的磨损模型研究煤的物理性质变化对磨损的影响;通过建立刮板输送机整机磨损分析模型,研究矿井环境对中部槽磨损的影响。

4.2 离散元法与多体动力学基本理论

4.2.1 离散元法

离散元法是将被研究对象看作是有限个刚性单元的集合,且每个单元都有相对独立的运动,根据牛顿运动定律和离散单元间的相互作用,采取动态松弛法或静态松弛法等迭代方法进行循环迭代计算,得出每一个时间步长内所有单元的受力及位移,接着将所有离散单元的位置进行更新。通过追踪每个离散单元的微观运动,进而得到整个研究对象的宏观运动规律。通过离散元方法有助于追踪颗粒复杂的运动行为及获取力学信息,在解决散体问题时具有相当大的优势。离散元软件 EDEM 能够较好的模拟颗粒之间的相互运动,简单易操作,被广泛应用于离散元分析中。其内嵌的多种接触模型,可快速准确分析颗粒与颗粒、颗粒与几何体之间的相互运动及受力。其中,Hertz-Mindlin(no slip)模型用于设定颗粒与颗粒之间的接触,Hertz-Mindlin with JKR 模型用于设定含湿颗粒之间的接触,Hertz-Mindlin with Archard Wear 模型用于设定颗粒与几何体之间的磨损接触。EDEM 的求解过程如图 4-1 所示,分为前处理、求解器及后处理三大模块,通过前处理模块,设定颗粒参数、接触模型及颗粒工厂等;通过求解器模块对仿真参数进行设定并进行运算;通过后处理模块查看仿真结果,分析仿真数据。

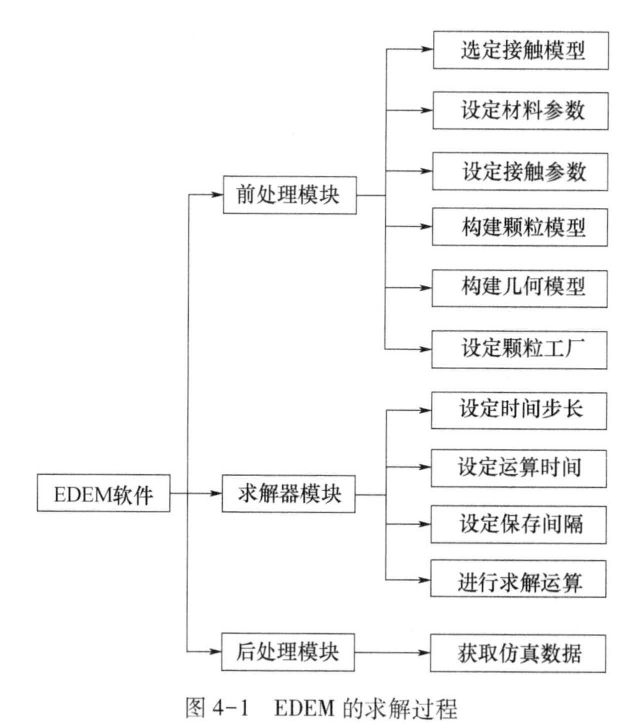

图 4-1 EDEM 的求解过程

4.2.2 软球模型

刮板输送机煤散料颗粒运动时，速度较小，且颗粒之间存在相互碰撞作用，故选择软球模型进行模拟。软球模型的接触见图 4-2。两颗粒 i 与 j 碰撞后，在法向及切向分别产生重叠 a 及位移 δ。通过引入弹簧、阻尼器、滑动器及耦合器，将模型进行简化，如图 4-3 所示。

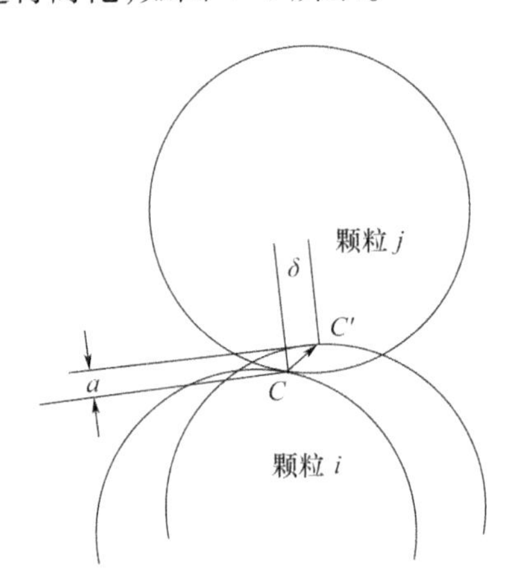

图 4-2　软球模型的接触

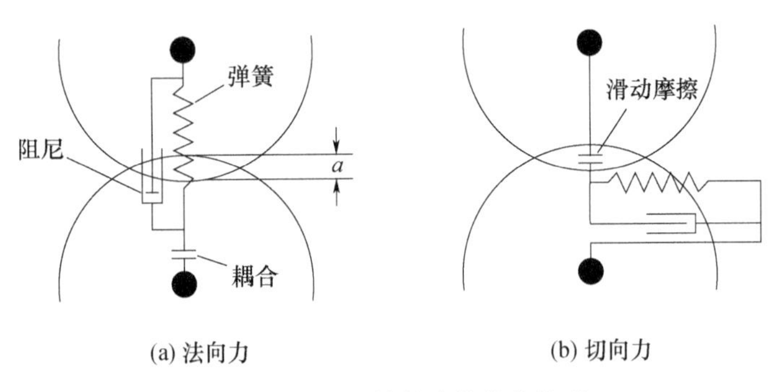

图 4-3　颗粒间接触力的简化模型

颗粒之间存在法向及切向作用力，分别表示为 F_{nij} 及 F_{tij}，计算公式如下：

$$F_{nij} = (-k_n \alpha^{\frac{3}{2}} - c_n v_{ij} \cdot n) n \tag{4-1}$$

$$F_{tij} = -k_t \delta - c_t v_{ct} \tag{4-2}$$

式中：k_n、k_t 分别表示法向及切向弹性系数；c_n、c_t 分别表示法向及切向阻尼系数；v_{ij} 是指两颗粒的相对速度矢量；v_{ct} 是指接触点的滑移速度；n 是指两颗粒球心的单位矢量。k_n 及 k_t 的计算公式如下：

$$k_n = \frac{4}{3}\left(\frac{1-v_i^2}{E_i} + \frac{1-v_j^2}{E_j}\right)^{-1}\left(\frac{R_i+R_j}{R_iR_j}\right)^{-\frac{1}{2}} \tag{4-3}$$

$$k_t = 8\alpha^{\frac{1}{2}}\left(\frac{1-v_i^2}{G_i} + \frac{1-v_j^2}{G_j}\right)^{-1}\left(\frac{R_i+R_j}{R_iR_j}\right)^{-\frac{1}{2}} \tag{4-4}$$

式中：ν_i 及 v_j 为两颗粒 i 及 j 的泊松比；E_i 及 E_j 为弹性模量；R_i 及 R_j 为颗粒半径；G_i 及 G_j 为剪切模量。

假设发生碰撞的两颗粒的材料及半径均相同，则可得 k_n 和 k_t 的简化公式为

$$k_n = \frac{\sqrt{2R}E}{3(1-\nu^2)} \tag{4-5}$$

$$k_t = \frac{2\sqrt{2R}G}{(1-\nu^2)}\alpha^{\frac{1}{2}} \tag{4-6}$$

阻尼系数 c_n 及 c_t 的计算公式如下：

$$c_n = 2\sqrt{mk_n} \tag{4-7}$$

$$c_t = 2\sqrt{mk_t} \tag{4-8}$$

式中：m 为弹簧振子的质量。

4.2.3 颗粒接触模型

1. Hertz-Mindlin(no slip)及 Hertz-Mindlin with JKR 模型

Hertz-Mindlin(no slip)是经典的无滑移接触模型，仅考虑弹性变形，是较常用的一种颗粒接触模型。

在 Hertz-Mindlin(no slip)模型中，假设半径为 R_1、R_2 两球形颗粒接触时，接触区域为圆形，颗粒间法向力 F_n 和切向力 F_t 分别为

$$F_n = \frac{4}{3}E^*(R^*)^{\frac{1}{2}}\alpha^{\frac{3}{2}} \tag{4-9}$$

$$F_t = -S_t\delta \tag{4-10}$$

式中：E^* 为等效弹性模量；R^* 为等效颗粒半径；α 为法向重叠量；S_t 为切向刚度；δ 为切向位移。

法向阻尼力 $F_n^{\ d}$ 和切向阻尼力 $F_t^{\ d}$ 分别为

$$F_n^d = -2\sqrt{\frac{5}{6}}\beta\sqrt{S_n m^*}\,v_n^{rel} \tag{4-11}$$

$$F_t^d = -2\sqrt{\frac{5}{6}}\beta\sqrt{S_n m^*}\,v_t^{rel} \tag{4-12}$$

式中:m^* 为等效质量;S_n 为法向刚度;v_n^{rel} 和 v_t^{rel} 分别为法向相对速度和切向相对速度。

在刮板运输过程中,井下环境潮湿,且采掘中的喷雾除尘作业必然会导致煤料中含有不同程度的水分,而含湿物料与干煤料在流动及摩擦等方面存在较大差异,另外水分的存在使得颗粒之间存在黏附现象,必须选择黏结性颗粒接触模型 Hertz-Mindlin with JKR(Johnson-Kendall-Roberta)进行模拟。JKR 物理模型如图 4-4 所示。通过软球模型了解到表征颗粒的接触力分为四类,分别为法向及切向阻尼力、法向及切向弹性力,其中法向弹性力可以较好的表征颗粒的黏性特征。

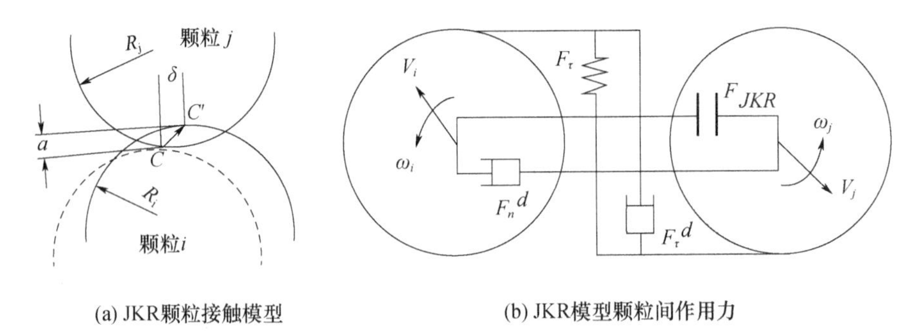

(a) JKR颗粒接触模型　　(b) JKR模型颗粒间作用力

图 4-4　JKR 物理模型

基于 Hertz 模型理论,对颗粒间的作用力进行力学分析:

(1)JKR 模型切向弹性力:

$$F_\tau = S_\tau \delta_\tau \tag{4-13}$$

式中:F_τ 是切向弹性力(N);δ_τ 为切向重叠量(m)。

切向力与摩擦力 $\mu_s F_n$ 有关,其中,F_n 是颗粒间法向力,μ_s 是静摩擦系数。

仿真中的滚动摩擦是很重要的,它可通过接触表面上的力矩来说明,即

$$T_i = -\mu_r F_n R_i \omega_i \tag{4-14}$$

式中:μ_r 为滚动摩擦系数;R_i 为质心到接触点间的距离(m);ω_i 为接触

点处物体的单位角速度矢量(rad/s)。

(2)JKR 模型法向弹性力:

$$F_{JKR} = -4\sqrt{\pi\gamma E^*}\alpha^{\frac{3}{2}} + \frac{4E^*}{3R^*}\alpha^3 \quad (4-15)$$

式中:F_{JKR} 为 JKR 法向弹性接触力(N);γ 为表面能($J \cdot hm^{-2}$)。

2. Hertz-Mindlin with Archard Wear

Hertz-Mindlin with Archard Wear 是基于 Hertz-Mindlin 模型开发出来的用于磨损研究的专业模型。是经典的 Archard 磨损预测模型与离散元模型的结合。计算磨损体积 V:

$$V = K\frac{NL}{H} \quad (4-16)$$

式中: K 是磨损系数;N 为法向载荷(N); L 是磨损行程;H 为材料硬度。

由于在 Archard 模型中,磨损常数 K 的确定十分困难,故定义磨损常数 W:

$$W = \frac{K}{H} \quad (4-17)$$

将其看作是除却法向载荷 N 及磨损行程 L 之外,所有磨损因素的综合,其中硬度 H 的作用较为关键。一般来说,磨损常数与几何材料的硬度呈正相关性,而与磨料的硬度呈负相关性。此时,磨损体积表示为

$$V = WNL \quad (4-18)$$

在 EDEM 中,以磨损深度表征磨损量:

$$h = \frac{V}{A} \quad (4-19)$$

式中:A 为去除材料的面积。

4.2.4　多体动力学基本理论

多体系统是由多个零部件通过运动副连接起来的复杂机械系统,研究多体动力学即基于经典的力学理论,为复杂机械系统的运动和动力建立可用于计算机求解的数学模型,并通过编制计算机程序进行数值求解。进行多体动力学分析的主要内容包括建模与求解两部分,基本流程如图 4-5 所示,一般通过商用软件计算及分析多体动力学问题。

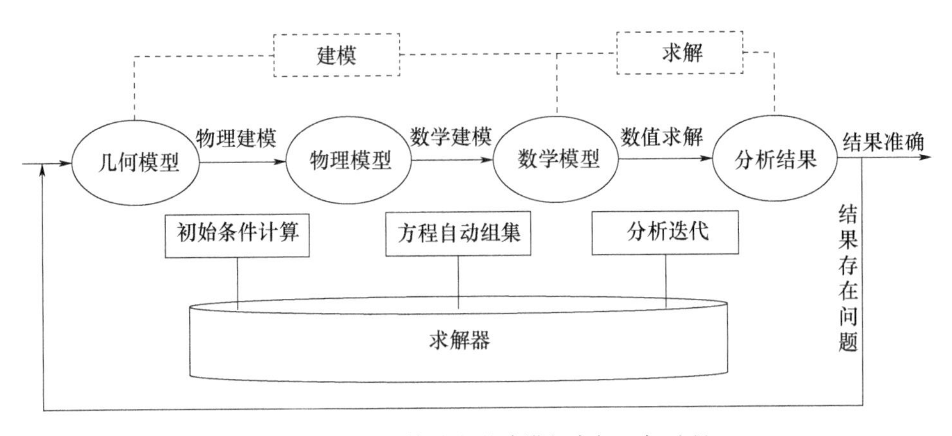

图 4-5 计算多体动力学建模与求解一般过程

RecurDyn(Recursive Dynamic)是由韩国 FunctionBay 公司基于递归算法开发的一款适用于大规模多体动力学问题的仿真软件。传统分析软件在处理机械系统普遍存在的接触碰撞问题时,往往存在过多简化,求解效率低及稳定性差等诸多不够完善之处,而 RecurDyn 软件基于相对坐标建模及递归求解,不论是在求解速度还是在算法稳定性方面都表现俱佳,成功解决了机构碰撞研究中存在的问题,使其不但能解决传统的动力学及运动学问题,同时也能解决结构接触碰撞问题。除去三个基础模块,运动模型建立 Modeler、求解器 Solver、后处理 PostProcessor 外,RecurDyn 还内嵌诸多专业模块,包括齿轮元件模块、链条分析模块、皮带分析模块、发动机开发设计模块等,从而被广泛应用于航天航空、工程机械、船舶机械及其他通用机械的动力学分析中。RecurDyn 的一般求解路线如图 4-6 所示,主要包括建模和求解两个阶段。在几何模型构建时,RecurDyn 具有较完备的几何体建模功能,也可通过专业三维软件创建几何模型后以 . x_t 等格式导入。通过“Joints”功能添加刚体约束,包括固定、旋转、平移等;通过“Contact”功能添加刚体接触,包括球对球、球对曲面、球对平面等。

4.2.5 离散元法与多体动力学耦合

在对实际工程问题进行仿真时,针对多刚体接触、颗粒问题时,比如散料运输、散料混合等,单纯使用多体动力学分析或者使用离散元法分析,往往与实际存在较大偏差。随着多体动力学软件及离散元软件的发展,EDEM2018

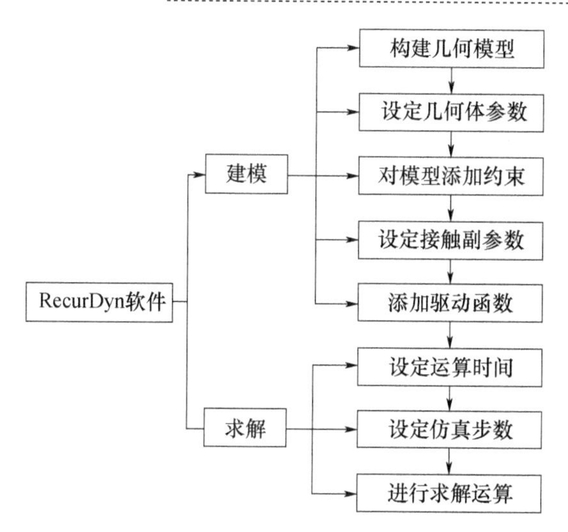

图 4-6　RecurDyn 的一般求解过程

能实现与 RecurDyn V9R1 的双向数据传输，为离散元法与多体动力学耦合提供了可能。

EDEM 软件在进行几何体运动时，只能实现四种运动：线性平移、线性回转、正弦平移、正弦回转，几何体在 EDEM 中的运动受到限制。另外，在真实的运动中，当颗粒与几何体接触时，几何体运动状态必然会发生改变，而 EDEM 并不能对这种复杂状态进行模拟。多体动力学软件的优势即可以实现几何体之间力与运动的传递，对整个装配的复杂运动进行模拟，从而在功能上与 EDEM 实现互补。

EDEM 2018 与 RecurDyn V9R1 内嵌专业的耦合模块，如图 4-7 所示。只有将 EDEM 2018 中的 Coupling Server 与 RecurDyn V9R1 中的 External SPI 模块连接，才能在仿真运算中实现 EDEM 与 RecurDyn 双向数据交换。通过 EDEM 与 RecurDyn 耦合，既可以应用离散元法处理颗粒接触力学问题，又能进行多体动力学的复杂运算，从而使仿真模拟更接近工程实际。

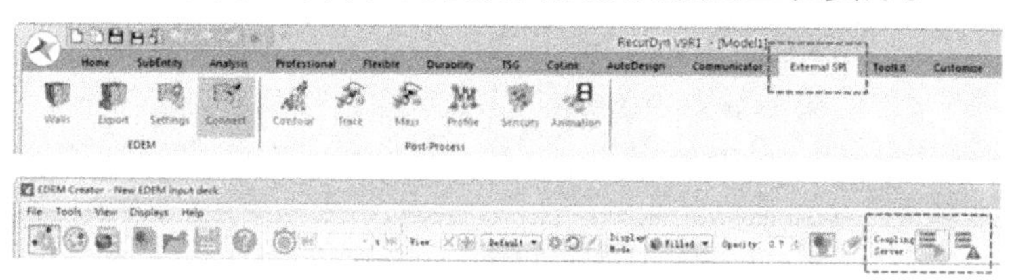

图 4-7　EDEM 与 RecurDyn 的耦合模块

EDEM 与 RecurDyn 一般耦合求解过程如图 4-8 所示,通过三维软件建模保存几何体为 . x_t 格式,导入到 RecurDyn;EDEM 中不需要构建三维几何模型,将 RecurDyn 中导出的 wall 文件导入到 EDEM 中,形成 EDEM 的几何模型,即两个软件共用一套几何模型,也是二者共同的耦合模型;无须在 EDEM 中设定几何体运动,耦合状态下几何体的运动通过 RecurDyn 中驱动实现;EDEM 中不需要进行最后的求解运算操作,求解运算操作在 RecurDyn 中完成。

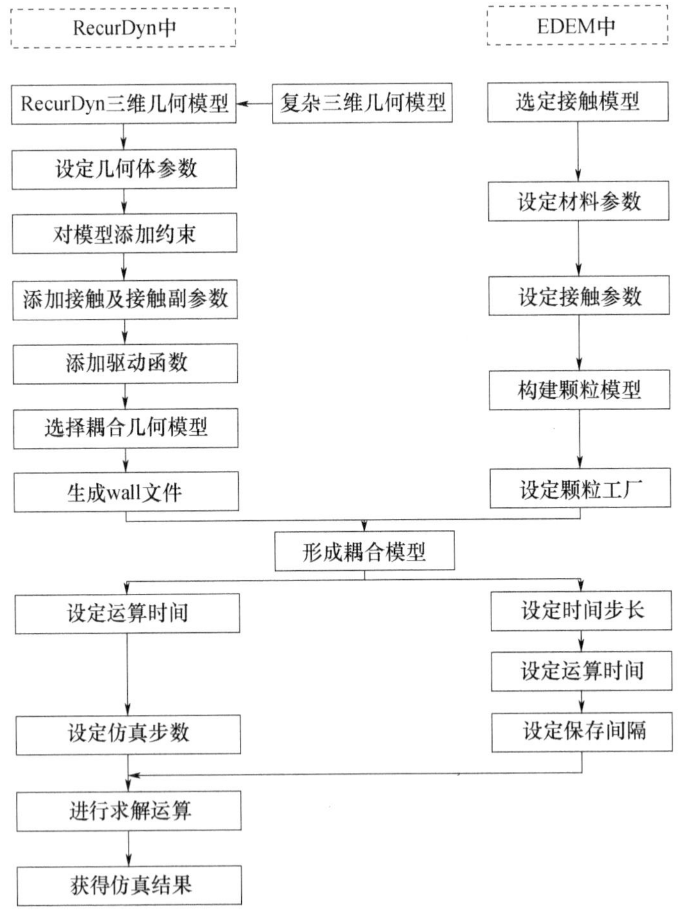

图 4-8　EDEM 与 RecurDyn 一般耦合求解过程

4.3 煤散料的微观参数测定与标定

基于前文中的离散元基础理论,明确仿真中需要确定的模型参数主要包括三种:

(1)几何体材料及颗粒材料的自身属性参数,包括泊松比、剪切模量及密度。

(2)颗粒与颗粒之间、颗粒与几何体之间的接触参数,包括恢复系数、滚动摩擦系数及静摩擦系数。

(3)含湿颗粒与颗粒之间的 JKR 接触模型参数,主要指表面能。

4.3.1 密度及剪切模量

在离散元模拟中,需要对颗粒密度进行设定,本研究通过排水法[153]对煤颗粒密度进行测量,经 5 次重复试验取平均值,测量结果见表 4-1。

表 4-1 密度试验数据记录

序号	1	2	3	4	5	平均值
密度/(kg·m^{-3})	1245	1194	1213	1237	1257	1229

弹性模量表征材料抵抗弹性变形的能力,是单向应力状态下应力与该方向应变的比值。一般通过单轴压缩试验可以对煤岩材料弹性模量进行测量,首先获取煤岩的应力—应变曲线,选取曲线的近似直线段进行直线拟合,所得拟合直线的斜率即为弹性模量。弹性模量 E、泊松比 v 和剪切模量 G 三者间的关系如下:

$$G = \frac{E}{2(1+v)} \tag{4-20}$$

选择试验用煤散料,制作煤岩标本,进行单轴压缩试验,见图 4-9,得到了煤岩的应力—应变曲线(图 4-10)。选取图中近似直线段 AB,经过线性拟合,得到的决定系数为 0.9975,说明拟合程度非常高,直线斜率即弹性模量为 1 258.5MPa,泊松比设定为 0.33,通过式(4-20)计算得到

剪切模量为 4.7×10^8Pa。

图 4-9　万能试验机图

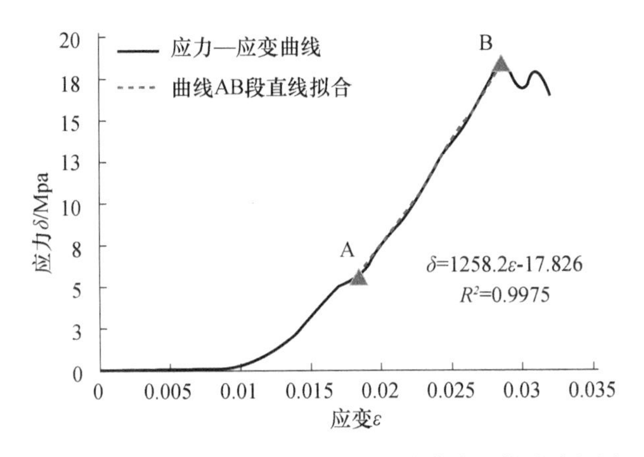

图 4-10　煤岩单轴压缩应力—应变试验曲线万能试验机图

4.3.2　恢复系数

在刮板输送机运输中,煤炭颗粒之间、煤炭与刮板及中板之间存在各种碰撞,恢复系数是体现颗粒碰撞特性的力学参数。其定义为颗粒碰撞后法向反弹速度与碰撞前法向靠近速度的比值,通常采用自由下落试验或斜板碰撞试验进行试验测定。考虑到煤颗粒采用自由下落试验测量误差较大,本书中参考相关文献[52,78]设计如图 4-11 所示的斜板碰撞试验台。

图 4-11(a)为斜板碰撞试验原理图,其中 h 为煤颗粒从空中下落到钢板的高度,斜板倾角为 45°,颗粒掉落到钢板上反弹,将反弹后的速度分解为水

平方向的匀速 V_X，垂直方向初速度 V_Y，重力加速度 g 的加速运动。其在水平方向位移 S 及垂直方向的位移 H 计算公式如下：

$$\begin{cases} S = V_X t \\ H = V_Y t + \dfrac{1}{2} g t^2 \end{cases} \tag{4-21}$$

通过更改接料板的高度，从而测得两个不同高度下的位移 S_1、H_1，S_2、H_2，通过反推得到水平平均速度及垂直方向初始速度为

$$\begin{cases} V_X = \sqrt{\dfrac{g S_1 S_2 (S_1 - S_2)}{2(H_1 S_2 - H_2 S_1)}} \\ V_Y = \dfrac{H_1 V_X}{S_1} - \dfrac{g S_1}{2 V_X} \end{cases} \tag{4-22}$$

恢复系数 C_r 为颗粒碰撞后法向反弹速度 V_n 与碰撞前法向靠近速度 V_{0n} 的比值，计算公式如下：

$$C_r = \frac{V_n}{V_{0n}} = \frac{\sqrt{(V_X^2 + V_Y^2)} \cdot \cos\left[45° + \arctan\left(\dfrac{V_Y}{V_X}\right)\right]}{V_0 \cdot \sin 45°} \tag{4-23}$$

式中：$V_0 = \sqrt{2gh}$。

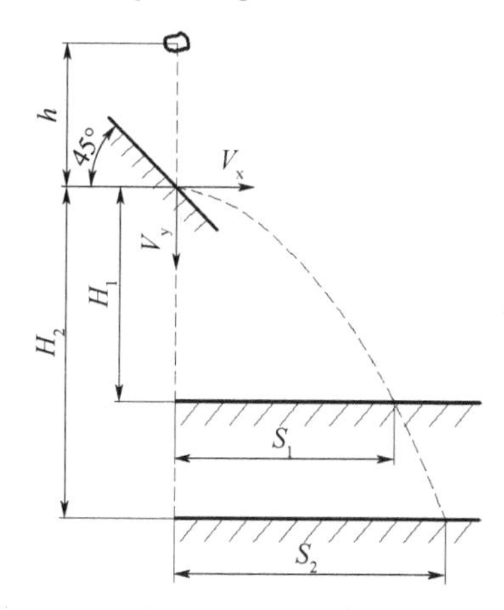

(a) 斜板碰撞试验原理图

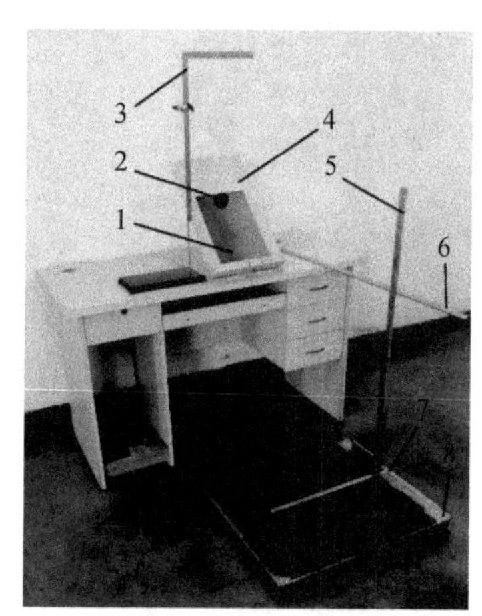

(b) 恢复系数测量装置

图 4-11　斜板碰撞试验原理图及测量装置

1-耐磨钢板　2-煤块　3-下落高度标尺　4-斜板装置　5-垂度尺

6-水平位移尺 1　7-水平位移尺 2　8-接料板　9-煤粉

图 4-11(b)为恢复系数测量装置，进行颗粒与几何体恢复系数测量时，将钢板放置在斜板上，进行颗粒与颗粒恢复系数测量时，将如图 4-12 所示的煤块用双面胶粘贴在斜板上。将斜板倾角设置为 45°，颗粒下落高度取 400mm，通过下落高度尺确保颗粒的下落高度及位置。由于碰撞台与接料板之间存在高度差，导致水平位移不易测得，通过垂直尺与水平位移尺相互配合测量。另外，由于煤颗粒的外形不规则，导致颗粒碰撞后反弹的位置产生偏移，如图 4-13 所示，并不在中心线上，此时利用水平位移尺 1 测得位移 S_X，水平位移尺 2 测得偏移 S_Z，按照式(4-24)进行位移合成。

$$S = \sqrt{S_X^2 + S_Z^2} \tag{4-24}$$

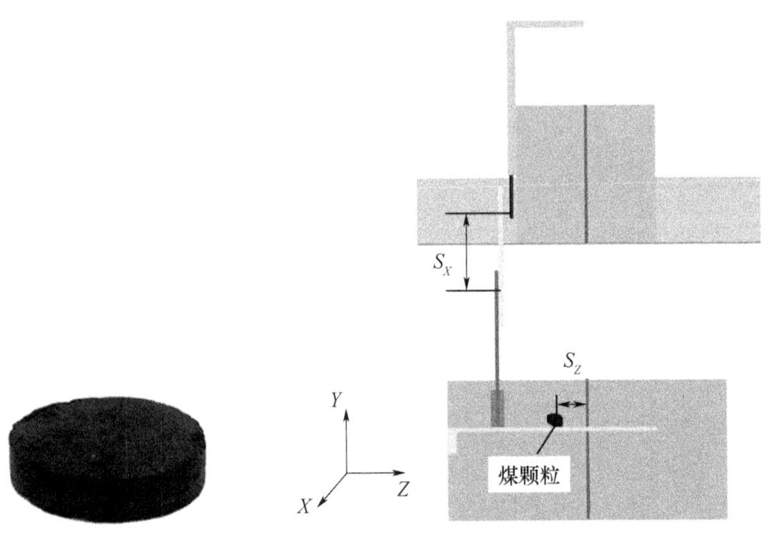

图 4-12　圆柱煤块　　图 4-13　水平位移说明图

依据上述的测定方法，针对不同含水率下的煤颗粒与煤颗粒及煤颗粒与钢的恢复系数进行测定，结果如表 4-2 所列。

表 4-2　不同含水率下恢复系数测定结果

含水率	0%	2.5%	5%	7.5%	10%	12.5%	15%
煤—煤恢复系数	0.64	0.61	0.57	0.55	0.53	0.49	0.44
煤—钢恢复系数	0.65	0.62	0.58	0.56	0.52	0.48	0.44

基于表 4-2 数据，绘制恢复系数随含水率变化曲线图，如图 4-14 所示。首先由表 4-2 可知，在同一含水率下，煤与煤、煤与钢的恢复系数极为相

近。通过对变化曲线进行线性拟合得出其决定系数为 0.9862，表明恢复率与含水率存在线性关系，且随着含水率增大，恢复系数逐渐减小。分析原因，是由于颗粒含水越大，则碰撞时变形越大，导致碰撞能量损耗在增加，从能量守恒来讲，反弹能量减小，此时法向反弹速度变小，因此恢复系数变小。

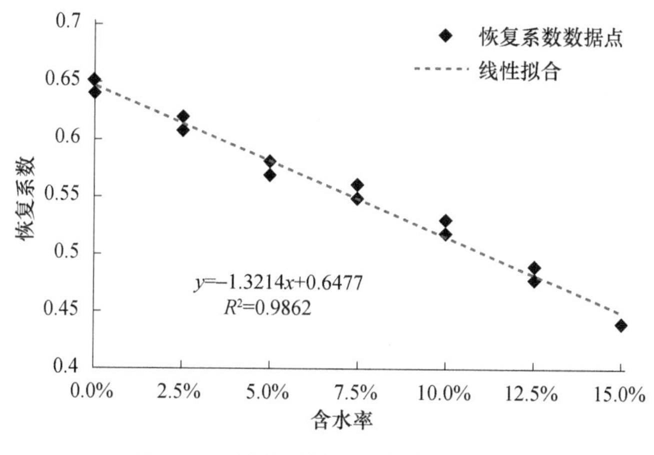

图 4-14　恢复系数随含水率变化规律

4.3.3　静摩擦系数

刮板输送机运行过程中，由于颗粒的不规则，使得颗粒与颗粒、颗粒与中板或刮板之间的接触多为点接触，此时产生的摩擦多为静摩擦，因此静摩擦系数对模拟结果影响较大。本书选择抬升斜面的方法对静摩擦系数进行测量。测定装置如图 4-15 所示。两块木板通过合页铰接组成斜板机构。进行颗粒与钢板的静摩擦系数测量，将钢板固定在斜板上，并将煤颗粒放置于钢板上，通过转动手轮，带动丝杠转动以推动滑块移动，滑块将斜板缓慢抬起，直至颗粒有移动趋势或开始滑动时，停止转动手轮。此时，斜板倾角的正切值即为所测得摩擦系数。

在实际的测量中，为了避免颗粒外形及放置位置对摩擦的影响，采用如图 4-16 所示的排布方式进行测量。当有 3 个左右颗粒开始滑动时，测量此时的斜板倾角，通过 20 次重复试验取平均值。表 4-3 为不同含水率下的煤—钢的静摩擦系数结果。

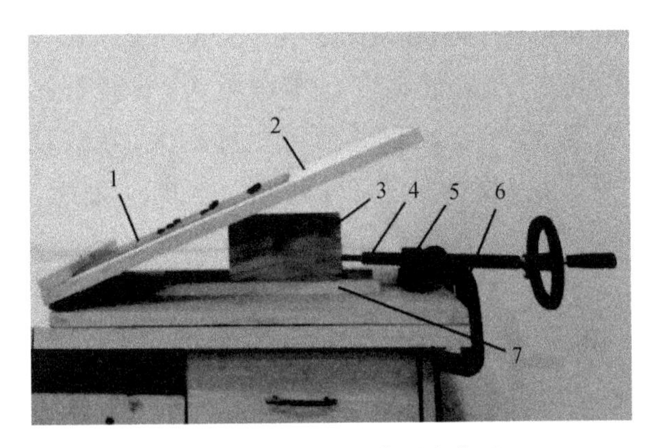

图 4-15　静摩擦系数测定装置

1. 耐磨钢板　2. 斜板机构　3. 推块　4. 丝杠　5. 丝杠螺母　6. G 型夹　7. 滑道

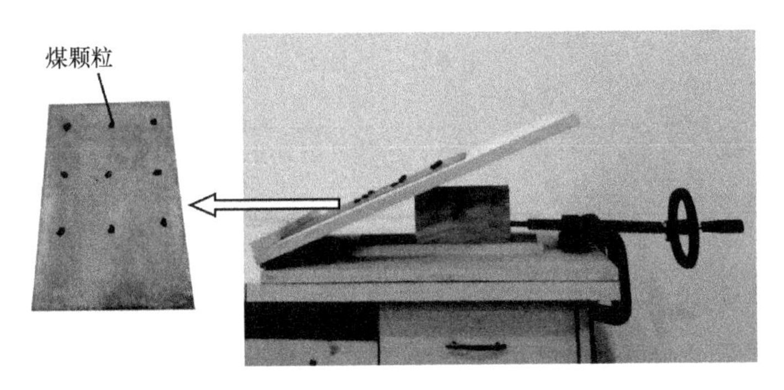

图 4-16　煤颗粒布置

表 4-3　不同含水率下煤—钢静摩擦系数测定结果

含水率	0%	2.5%	5%	7.5%	10%	12.5%	15%
煤—钢静摩擦系数	0.457	0.464	0.480	0.490	0.503	0.529	0.6

由表 4-3 可知,随着含水率增大,煤—钢静摩擦系数逐渐变大。这是由于随着含水率增加,煤与钢板接触时黏性增大,不易发生相对滑动,导致煤—钢间静摩擦系数增大。

为了进一步探究静摩擦系数随含水率的变化规律,将表 4-3 中数据绘制成如图 4-17 所示的曲线图。通过对数据点进行拟合,发现做二次项拟合时,其决定系数最大,且非常接近 1,说明煤—钢静摩擦系数随含水率呈二次多项式规律变化。

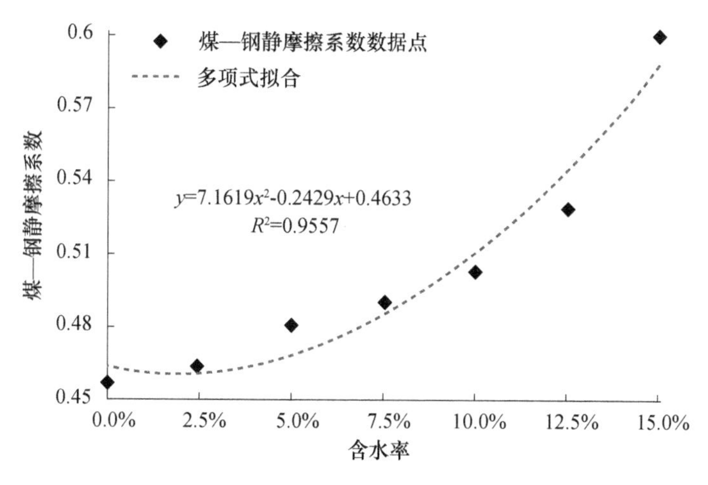

图4-17　煤—钢静摩擦系数随含水率变化规律

对于颗粒与颗粒之间静摩擦系数的测量,由于无法加工出薄厚均匀的平面煤块,因此无法采用此方法进行测量。

4.3.4　滚动摩擦系数

刮板输送机运输中,颗粒存在较多的滚动现象,因此滚动摩擦系数的设定影响着离散元仿真结果的准确性。然而,滚动摩擦系数采用试验方法测量时存在诸多问题。首先由于煤颗粒外形的不规则,导致其无法在斜面上发生滚动。其次,即使发生滚动,也无法保证纯滚动而无滑动发生。最后,煤颗粒在斜面上的滚动会产生跳动或旋转。以上问题的出现,导致测量误差较大,无法保证结果的准确性。因此,滚动摩擦系数受到颗粒外形的限制,不适合采用直接试验测定的方法。

4.3.5　仿真—试验对比法标定参数

前述章节中,针对可进行直接测量参数的试验过程进行了详细的说明,并简单分析了随着含水率变化,相关参数的变化规律。而针对受到试验条件限制,无法直接测量的参数,如煤—煤的静摩擦系数、煤—煤及煤—钢滚动摩擦系数,以及含湿煤料接触模型JKR中用到的煤—煤表面能,需要采用虚拟标定的方法。参考相关文献[58,89,154,155],本书以堆积角较为指标,选择基于响应面方法 BBD 进行模拟试验设计对以上无法直接测定的接触参数进行标定。参数虚拟标定的具体流程见图 4-18。

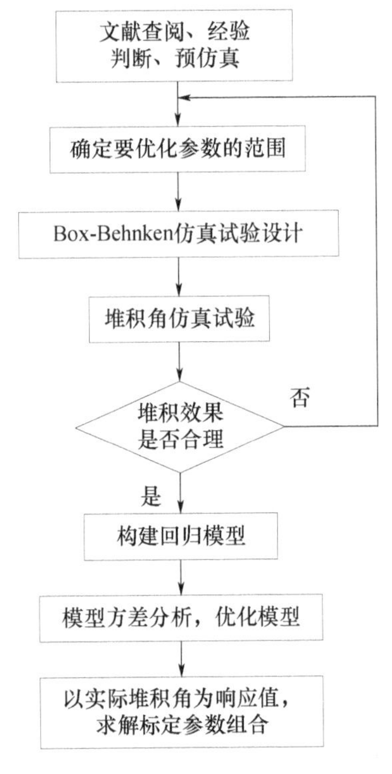

图 4-18　参数标定流程

4.3.5.1　堆积角模拟试验模型及试验装置

标定试验以堆积角作为响应指标,采用漏斗堆积试验。图 4-19(a)是漏斗试验仿真模型。

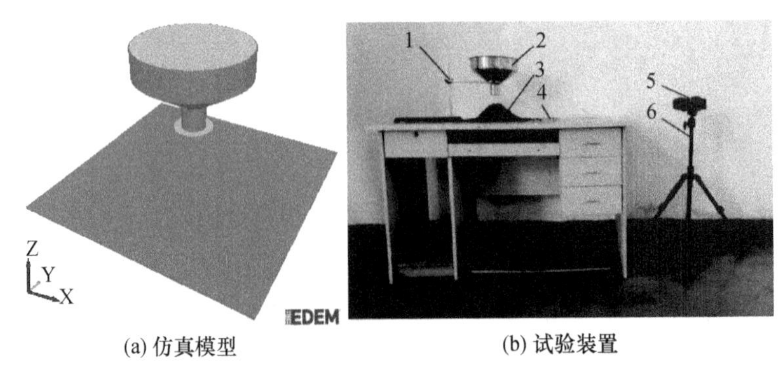

(a) 仿真模型　　(b) 试验装置

图 4-19　标定试验仿真模型及试验装置

1. 铁架台　2. 漏斗　3. 煤散料堆　4. 耐磨钢板　5. 相机　6. 三脚架

图4-19(b)是与仿真模型相一致的堆积角试验装置。通过铁架台固定漏斗,将散料放入漏斗并先用挡板堵住漏斗口放置颗粒掉落,之后撤掉挡板,煤散料下落形成堆积。采用相机对堆积角每隔90°进行拍照,通过图像处理获得堆积角。测定不同含水率下的煤散料堆积角,重复3次试验取平均值,数据记录于表4-4,并绘制堆积角随含水率变化的曲线图如图4-20所示。

表4-4 不同含水率下堆积角测定结果

含水率	0%	2.5%	5%	7.5%	10%	12.5%	15%	数值差异
堆积角/(°)	34.28	34.01	34.35	33.98	33.34	33.82	33.86	2.94%

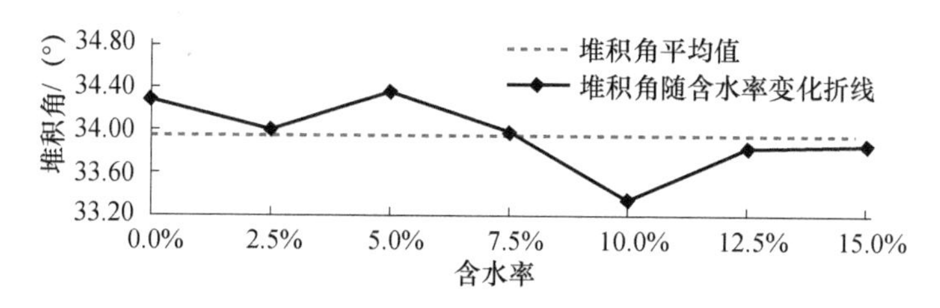

图4-20 堆积角随含水率变化规律

表4-4中数值差异仅为2.94%,表明随着含水率变化,堆积较变化非常小。图4-20表明,随着含水率变化,堆积角数值在平均值上下波动。由此说明含水率对堆积角的影响极小,可以忽略不计。

4.3.5.2 煤颗粒离散元模型

为了尽可能避免仿真与实际的差距,同时加快仿真速度,设置如图4-21所示的三种煤颗粒模型,包括扁平状、类锥状及类块状。颗粒的尺寸及每1000 g煤种各类型的比例分布见表4-5。

表4-5 颗粒尺寸分布

实际尺寸	仿真颗粒模型尺寸设置				
	形状	尺寸/mm	Minimum	Maximum	质量/g
6~8mm	扁平状	8.11563	0.74	0.985	150
	类锥状	8.62856	0.696	0.927	240
	类块状	8.38216	0.716	0.954	610

图 4-21　煤颗粒模型

4.3.5.3　仿真参数

本书以含水率为 10%为例,对散料参数的标定过程进行说明。含水率为 10%时,通过真实试验测定的参数如表 4-6 所列。

表 4-6　10%含水率湿煤料试验测定参数

试验测定参数	堆积角/(°)	煤—煤恢复系数	煤—钢恢复系数	煤—钢静摩擦系数
数值	33.34	0.53	0.52	0.503

考虑到含湿煤料的特殊性,接触模型选择 JKR 模型进行模拟。10%含水率煤散料的标定参数包括:煤—煤静摩擦系数、煤—煤滚动摩擦系数、煤—钢滚动摩擦系数和煤—煤表面能。结合国内外相关文献[156,157]及查阅 EDEM 材料数据库,确定本研究中各仿真参数的变化范围如表 4-7 所列。

表 4-7　仿真参数

仿真参数	数值
煤—煤表面能	0.001~0.015
煤—煤静摩擦系数	0.10~0.45
煤—煤滚动摩擦系数	0.01~0.06
煤—钢滚动摩擦系数	0.01~0.06

4.3.5.4 BBD 试验设计

应用 Design Expert 软件进行 BBD 试验设计，每个参数设置高、中、低 3 个水平，以编码+1、0、-1 形式表示，如表 4-8 所列。研究中 5 个中心点，24 个析因点，共进行 29 组试验。BBD 试验设计及结果见表 4-9。

表 4-8 BBD 试验参数及水平

符号	试验参数	低水平(-1)	中心水平(0)	高水平(-1)
X_1	煤—煤表面能/(J·m^{-2})	0.001	0.008	0.015
X_2	煤—煤静摩擦系数	0.10	0.275	0.45
X_3	煤—煤滚动摩擦系数	0.01	0.035	0.06
X_4	煤—钢滚动摩擦系数	0.01	0.035	0.06

表 4-9 BBD 试验设计及结果

序号	煤—煤表面能(X_1)	煤—煤静摩擦系数(X_2)	煤—煤滚动摩擦系数(X_3)	煤—钢滚动摩擦系数(X_4)	堆积角 θ/(°)
1	-1	-1	0	0	24.98
2	1	-1	0	0	28.93
3	-1	1	0	0	38.35
4	1	1	0	0	40.66
5	0	0	-1	-1	34.62
6	0	0	1	-1	39.67
7	0	0	-1	1	35.26
8	0	0	1	1	39.80
9	-1	0	0	-1	34.53
10	1	0	0	-1	38.82
11	-1	0	0	1	34.90
12	1	0	0	1	38.39
13	0	-1	-1	0	24.58
14	0	1	-1	0	36.77
15	0	-1	1	0	29.29
16	0	1	1	0	41.17
17	-1	0	-1	0	32.26

续表

序号	煤—煤表面能(X_1)	煤—煤静摩擦系数(X_2)	煤—煤滚动摩擦系数(X_3)	煤—钢滚动摩擦系数(X_4)	堆积角 θ/(°)
18	1	0	−1	0	35.90
19	−1	0	1	0	37.48
20	1	0	1	0	41.71
21	0	−1	0	−1	28.07
22	0	1	0	−1	40.03
23	0	−1	0	1	27.95
24	0	1	0	1	38.92
25	0	0	0	0	37.11
26	0	0	0	0	37.24
27	0	0	0	0	37.57
28	0	0	0	0	37.74
29	0	0	0	0	37.70

通过 Design Expert 对表 4-9 中数据进行多元回归拟合，建立堆积角与仿真参数之间的二阶回归模型如下：

$$\theta = 9.9 + 526.29X_1 + 109.66X_2 + 137.84X_3 + 29.29X_4 - 334.69X_1X_2 + 842.87X_1X_3 - 1142.86X_1X_4 - 17.71X_2X_3 - 56.57X_2X_4 - 204X_3X_4 - 10181.97{X_1}^2 - 127.352{X_2}^2 - 478.27{X_3}^2 + 11.73{X_4}^2 \tag{4-25}$$

方差分析结果如表 4-10 所列，煤—煤表面能(X_1)、煤—煤静摩擦系数(X_2)、煤—煤滚动摩擦系数(X_3)对堆积角影响显著，耦合项均不具有显著性，二次项中 ${X_1}^2$ 和 ${X_2}^2$ 具有显著性。由模型整体极显著，而失拟项不显著，说明回归方程拟合较好。另外，从变异系数 CV、决定系数 R^2 及精密度 Adeq precision 等数值可以看出，回归模型可靠性较高，可以用来表达各仿真参数与响应值堆积角之间的数学关系。

表 4-10　BBD 试验回归模型方差分析

方差源	平方和	自由度	均方	F-value	P-value　Prob>F
模型	651.29	14	46.52	183.32	<0.0001*
X_1	40	1	40	157.64	<0.0001*

续表

方差源	平方和	自由度	均方	F-value	P-value Prob>F
X_2	433.20	1	433.20	1707.06	<0.0001*
X_3	73.66	1	73.66	290.25	<0.0001*
X_4	0.023	1	0.023	0.089	0.7701
X_1X_2	0.67	1	0.67	2.65	0.1259
X_1X_3	0.087	1	0.087	0.34	0.5675
X_1X_4	0.16	1	0.16	0.63	0.4404
X_2X_3	0.024	1	0.024	0.095	0.7628
X_2X_4	0.25	1	0.25	0.97	0.3425
X_3X_4	0.065	1	0.065	0.26	0.6206
X_1^2	1.61	1	1.61	6.36	0.0244*
X_2^2	98.67	1	98.67	388.81	<0.0001*
X_3^2	0.58	1	0.58	2.28	0.153
X_4^2	3.488E-004	1	3.488E-004	1.375E-003	0.9709
残差	3.55	14	0.25		
失拟项	3.23	10	0.32	4.06	0.0944
纯误差	0.32	4	0.08		
总和	654.84	28			
$R^2=0.9946$；$R_{adj}^2=0.9891$；$CV=1.42\%$；Adeq precision=46.844					
注：* 表示该项显著($P<0.05$)					

在保证模型显著而失拟项不显著的情况下，将不显著因素去掉，得到新的二次回归方程：

$$\theta = 10.87 + 516.24X_1 + 107.08X_2 + 132.73X_3 - 334.69X_1X_2 - 10210.29X_1^2 - 127.39X_2^2 - 480.49X_3^2 \tag{4-26}$$

优化后归回模型的方差分析结果见表4-11。优化后模型变异系数降低为1.25%，模型的可靠性进一步提高；决定系数及校订决定系数二者均接近1说明回归方程拟合可靠；精密度较之前增加到72.629，表明模型精度显著增加。可见，优化后的模型可以用来预测堆积角。

表 4-11　BBD 试验优化后模型的方差分析

方差源	平方和	自由度	均方	F-value	P-value　Prob>F
模型	650.69	7	92.96	469.61	<0.0001*
X_1	40.00	1	40.00	202.10	<0.0001*
X_2	433.20	1	433.20	2188.53	<0.0001*
X_3	73.66	1	73.66	372.11	<0.0001*
X_1X_2	0.67	1	0.67	3.40	0.0795
${X_1}^2$	1.68	1	1.68	8.51	0.0082*
${X_2}^2$	102.40	1	102.40	517.34	<0.0001*
${X_3}^2$	0.61	1	0.61	3.06	0.0946
残差	4.16	21	0.20		
失拟项	3.84	17	0.23	2.84	0.1612
纯误差	0.32	4	0.08		
总和	654.84	28			
R^2=0.9937；R^2_{adj}=0.9915；CV=1.25%；Adeq precision=72.629					
注：* 表示该项显著（P<0.05）					

4.3.5.5　回归模型耦合效应分析

由表 4-11 可知，煤—煤表面能与煤—煤静摩擦系数的耦合项（X_1X_2）对煤散料堆积角存在一定的影响。通过 Design-Expert 软件绘制等高线图及相应曲线图，当将煤—煤滚动摩擦系数 X_3 规定为中间水平 0.035 时，如图 4-22 所示。由图 4-22(a)等高线图可知，等高线呈椭圆形，表明两者耦合作用较为显著。由图 4-22(b)响应面图可知，随着两个参数变大，堆积角逐渐变大。分析原因，一方面由于颗粒间静摩擦力增加，会加大滑动摩擦阻力；另一方面颗粒间表面能增加，会使煤颗粒不易向周围散落，从而导致堆积角变大。另外，从响应面图中可以看出，堆积角随静摩擦力的变化，相对于表面能响应曲面更陡，说明煤—煤静摩擦力对堆积角的显著性更高一些，此结果与方差分析结果一致。

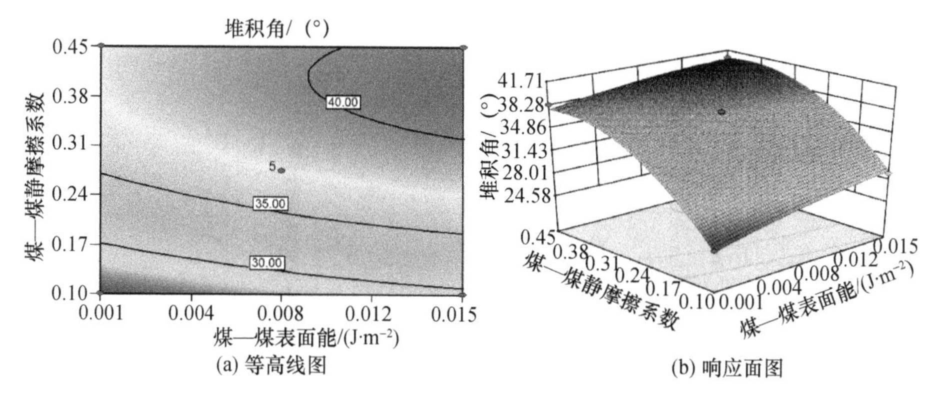

(a) 等高线图　　(b) 响应面图

图 4-22　煤—煤表面能与煤—煤静摩擦系数耦合作用的等高线和响应面

4.3.5.6　最优参数组合确定与标定结果验证

以 10%含水率煤散料试验堆积角 33.34°为响应值，基于优化后二次回归方程，通过采用 Design Expert 软件对各参数值进行求解，得到最优参数结果为：煤—煤表面能 X_1 为 0.008 J · m^{-2}，煤—煤静摩擦系数 X_2 为 0.198，煤—煤滚动摩擦系数 X_3 为 0.027。由于响应面分析结果显示煤—钢滚动摩擦系数对堆积角影响不显著，故对其取中间水平 0.035。针对确定的最优结果，分别通过漏斗试验（见图 4-23）及不同倾角下的滑板试验及仿真（见图 4-24），得到仿真与试验的对比结果见表 4-12，两种试验的堆积轮廓见图 4-25。

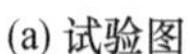
(a) 试验图　　(b) 仿真图

图 4-23　漏斗试验与仿真

(a) 试验图　　(b) 仿真图

图 4-24　滑板试验与仿真

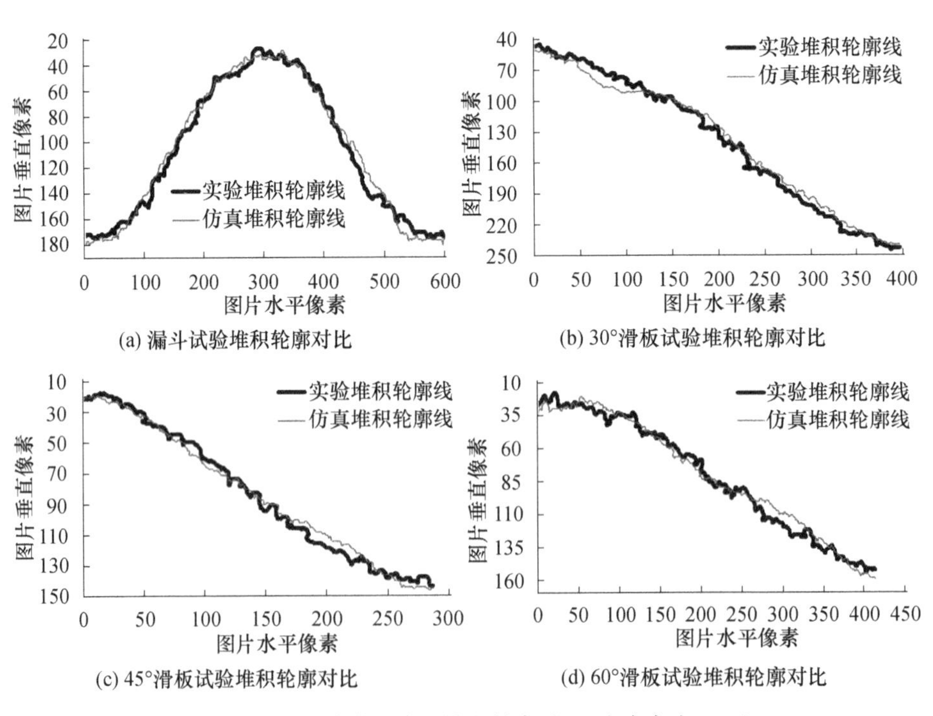

(a) 漏斗试验堆积轮廓对比　　(b) 30°滑板试验堆积轮廓对比

(c) 45°滑板试验堆积轮廓对比　　(d) 60°滑板试验堆积轮廓对比

图 4-25　最优参数组合下堆积轮廓对比（含水率为 10%）

表4-12　最优参数组合下堆积角数值差异对比验证

验证试验		堆积角结果对比		
		试验结果/(°)	仿真结果/(°)	相对误差
漏斗试验		33.34	32.83	1.53%
滑板试验	30°	28.91	27.55	4.70%
	45°	27.01	26.58	1.59%
	60°	19.93	19.38	2.76%

由图4-25可知，漏斗试验及不同碰撞倾角下的试验与仿真堆积轮廓一致性较好；由表4-12可知，仿真结果与试验结果的堆积角相对误差均较小，不超过4.70%，由此说明，仿真与试验结果无显著性差异，标定数据较为准确。

4.3.5.7　不同含湿物料参数标定结果比较与分析

通过以上研究表明，采用BBD响应面法对煤散料参数进行标定，具有较强的可行性。基于此，本书针对不同含水率下的参数进行了标定。此处对干煤料、10%含水率煤料及15%含水率煤料的回归模型的方差分析结果进行比较分析。不同含水率下标定模型的方差分析结果比较见表4-13。

表4-13　不同含水率下标定模型的方差分析结果

煤散料	单因素显著项	耦合作用显著项	二次项显著项
干煤料	煤—煤静摩擦系数 煤—煤滚动摩擦系数	无	煤—煤静摩擦系数
10%含水率	煤—煤表面能 煤—煤静摩擦系数 煤—煤滚动摩擦系数	煤—煤表面能与 煤—煤静摩擦系数	煤—煤表面能 煤—煤静摩擦系数 煤—煤滚动摩擦系数
15%含水率	煤—煤表面能 煤—煤静摩擦系数 煤—煤滚动摩擦系数	煤—煤表面能与 煤—煤静摩擦系数	煤—煤静摩擦系数

通过表4-13可知，从单因素显著项看，不论干湿煤料，煤—煤静摩擦系数及煤—煤滚动摩擦系数均具有显著性，而含湿物料中，煤—煤的表面能显著性明显。不同含水率下耦合作用项表明，含湿物料中，煤—煤的表面能及

煤—煤静摩擦系数耦合作用明显，而对于干煤料而言，参数之间不存在耦合作用。对于不同含水率下的二次项显著项分析，不论干湿物料，煤—煤的静摩擦系数二次项显著性明显。以上对于不同含水率下标定参数的显著性分析，煤—煤的静摩擦系数及煤—煤滚动摩擦系数对堆积角影响显著，而煤—钢滚动摩擦系数对堆积角的影响可以忽略。

4.4 中部槽磨损试验台离散元模型与仿真

通过对煤散料进行标定，获得煤颗粒相关参数信息。以实验室中部槽磨损试验台为建模对象，采用离散元法对磨损过程进行模拟，研究在不同含水率、含矸率、磨损行程及法向载荷作用下的磨损规律，通过与真实试验结果对比，对离散元法进行煤散料磨损研究的可靠性进行验证。基于所构建的离散元磨损模型，研究煤散料物理性质对中部槽磨损的影响。

4.4.1 中部槽磨损试验台离散元模型构建

4.4.1.1 磨损试验台三维模型

用 UG10.0 建立中部槽磨损试验台三维几何模型，如图 4-26 所示。

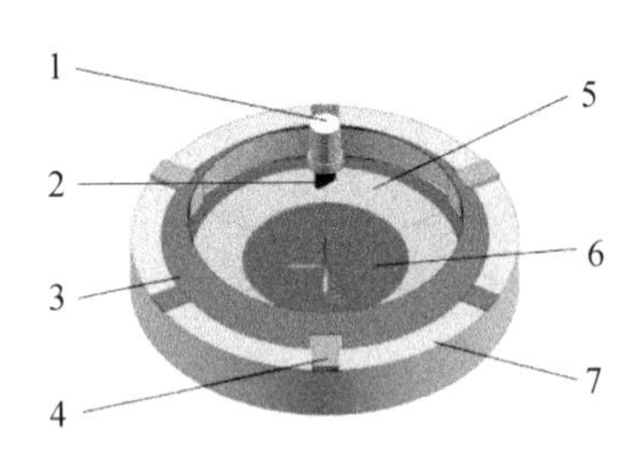

图 4-26 磨粒磨损试验机

1. 刮板试样夹具 2. 刮板试样 3. 上端盖 4. 底板夹具
5. 中板试样 6. 底板 7. 料槽

4.4.1.2 耦合模型设定

1. RecurDyn 中接触副的选取与设定

磨损试验台模型由 8 个零部件构成，其中包括上试样（刮板试样与夹具）、料槽及 6 个中板试样。6 个中板试样与料槽建立约束副，上试样与地面之间建立垂直方向的移动副，料槽与地面之间建立转动副。上试样与中板试样之间添加接触副，通过给上试样添加垂直方向的作用力，模拟载荷。零部件材料的密度、泊松比、剪切模量见表 4-14，接触副的参数查阅相关文献，相关参数设定见表 4-15。

表 4-14　材料本征参数

本征参数	密度/(kg/m^3)	泊松比	剪切模量/Pa
耐磨钢	7850	0.3	8×10^{10}

表 4-15　接触参数

名称	参数值
刚度系数	63000
阻尼系数	1000
静摩擦系数	0.01
最大穿透深度/mm	37.64
局部最大穿透深度/mm	9.41

2. 中板试样的网格划分及 EDEM 模型设置

本书主要针对中板的磨损进行研究，将中板试样的三维结构进行网格细化，通过 GAMBIT 将每个中板试样划分为 11 万个左右的网格，如图 4-27 所示，并导入 EDEM 中进行模拟。

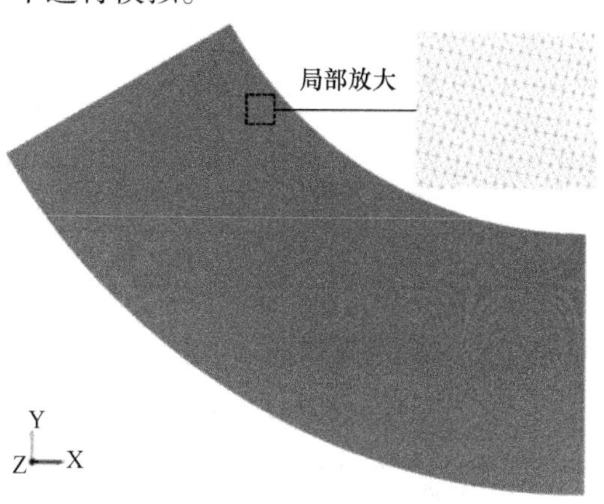

图 4-27　单个扇形试样的网格细化效果

对煤料模拟时，颗粒和颗粒之间选取 Hertz-Mindlin(no slip) built-in 模型，含水时选择 JKG 模型，颗粒与几何体之间选取 Hertz-Mindlin with Archard Wear 接触模型。煤颗粒模型参考 4.3.5.2 节进行颗粒建模，粒度设置为 3~5mm，总质量为 1 kg，料槽角速度设置为 8.168 rad/s。将仿真时间步长设为瑞利步长的 25%，每间隔 0.05 s 进行一次数据保存。

4.4.2 中部槽磨损试验台离散元模型验证

4.4.2.1 验证试验规划

验证仿真以含水率 10%、含矸率 14%、法向载荷 24 N、磨损时间 4.6053 s 为零水平，通过改变含水率、含矸率、法向载荷及磨损时间研究中部槽磨损规律。试验规划如表 4-16 所列。

表 4-16 磨损试验机模拟仿真试验规划

参数	数值设置				
含水/%	0	5	10	15	—
含矸/%	0	7	14	21	28
法向载荷/N	10	17	24	31	38
磨损时间/s	3.838	4.6053	6.1404	7.6755	—

依照 4.3 中的实验方法进行磨损参数标定，对煤散料特性设定如表 4-17 所示。

表 4-17 煤散料特性设定

含水率	0	5	10	15
煤—煤静摩擦系数	0.0329	0.124	0.198	0.206
煤—煤滚动摩擦系数	0.036	0.031	0.027	0.015
煤—煤表面能($J \cdot m^{-2}$)	—	0.006	0.008	0.011

参考相关文献，设定矸石的参数见表 4-18。

表 4-18 矸石参数

参数	泊松比	密度/(kg/m^3)	剪切模量/Pa
矸石	0.35	2600	5×10^8

仿真试验中用磨损深度来表征磨损量。以零水平试验数据为例，将仿真时间结束时每个中板试样的平均磨损深度导出，如图 4-28 所示，可见，6 块试样在完全相同的试验条件下进行磨损仿真，其磨损深度数值存在一定差异。为了避免磨损发生的随机性对仿真结果造成的影响，以 6 块中板试样的平均磨损深度来计算磨损量。

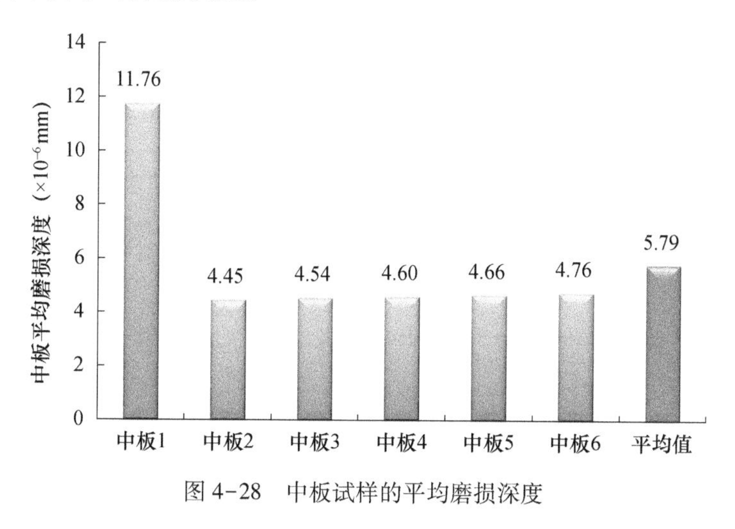

图 4-28　中板试样的平均磨损深度

4.4.2.2　验证结果分析

经过将 EDEM 与 RecurDyn 耦合，进行中部槽磨损规律研究，结果如图 4-29 所示。

模拟试验的结果表明，随着含水率、含矸率、磨损时间及法向载荷的增加，磨损深度整体呈增加趋势，此结果与第 3 章中的单因素试验结果相同。可见，通过标定试验，获取可靠的煤散料数据，并进行离散元模拟仿真，具有较强可行性。

4.4.3　基于煤的物理性质的中部槽磨损离散元仿真

前文中通过多因素作用下中部槽磨损筛选试验研究表明，煤散料含水率、含矸率及煤料粒度与中板磨损量呈正相关性，HGI 指数与中板磨损量呈负相关性。以上宏观试验初步分析了煤料差异对于中板磨损的影响。而对于煤料自身的微观物理性质，如泊松比、剪切模量、密度等，采用磨损试验研究存在一定难度。而通过离散元法进行仿真分析为研究煤的物理性质对中

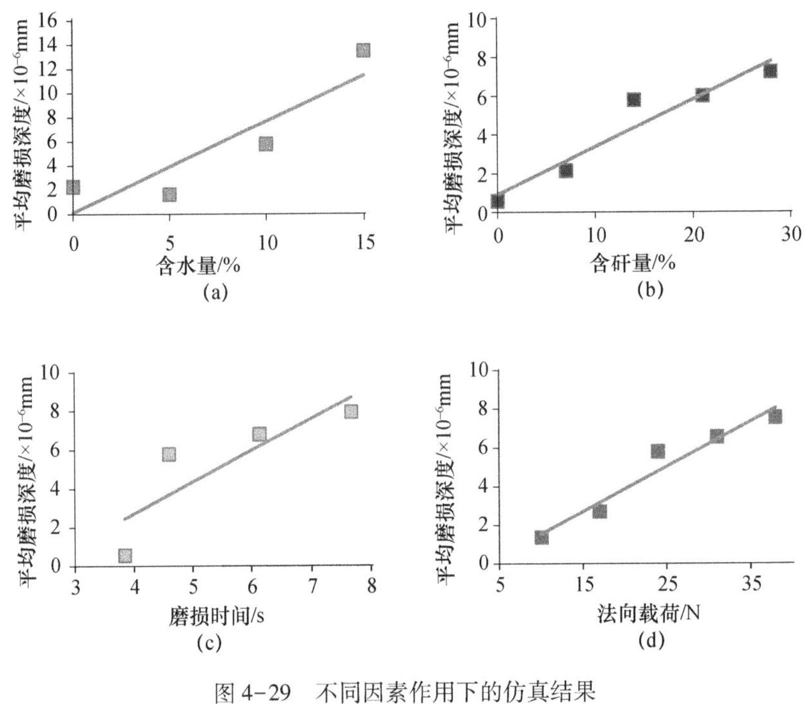

图 4-29　不同因素作用下的仿真结果

(a)含水率(b)含矸率(c)磨损时间(d)法向载荷

部槽磨损的影响提供了可能。

本节利用中部槽磨损试验台离散元模型,分别从 8 个水平,研究了煤的泊松比、剪切模量、密度对中部槽磨损的影响,仿真试验设计如表 4-19 所列。模型参考 4.4.1 节,颗粒参数及接触参数参考干煤料。

表 4-19　磨损仿真试验设计

性质	数值变化水平							
泊松比	0.26	0.28	0.30	0.32	0.34	0.36	0.38	0.40
剪切模量/($\times10^8$Pa)	1	2	3	4	5	6	7	8
密度/(kg/m^3)	1100	1200	1300	1400	1500	1600	1700	1800

4.4.3.1　泊松比对中部槽磨损的影响

研究泊松比对中部槽磨损的影响时,剪切模量和密度分别设置为 2×10^8 Pa、1500 kg/m^3。通过模拟仿真,得到如图 4-30 所示的平均磨损深度随泊松比变化的散点图。结果表明,随着泊松比增大,磨损深度逐渐变大。对散点数据进行线性拟合,获得泊松比随磨损深度变化的线性关系。

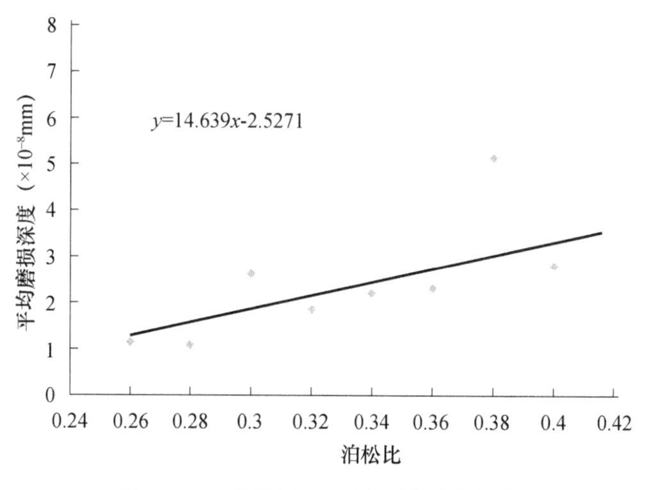

图 4-30 不同泊松比下的平均磨损深度

4.4.3.2 剪切模量对中部槽磨损的影响

研究剪切模量对中部槽磨损的影响时，泊松比设置为 0.3，密度设置为 1500 kg/m³。不同剪切模量下的中部槽平均磨损深度如图 4-31 所示，结果表明，随着剪切模量增大，磨损深度逐渐变大。通过线性拟合得到剪切磨损随深度变化的线性关系。

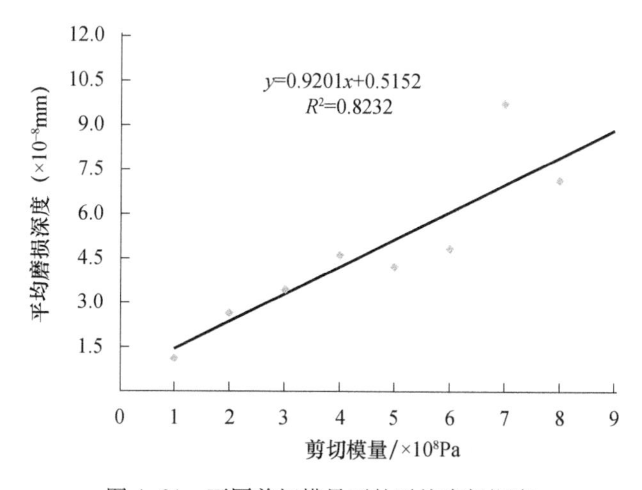

图 4-31 不同剪切模量下的平均磨损深度

4.4.3.3 密度对中部槽磨损磨损的影响

研究煤料密度对中部槽磨损的影响时，泊松比设置为 0.3，剪切模量设置为 2×10^8 Pa。不同密度下的平均磨损深度如图 4-32 所示，表明煤散料密度越大，磨损量出现轻微的波动上升。对磨损散点图进行线性拟合，获得密度随磨损深度变化的线性关系。

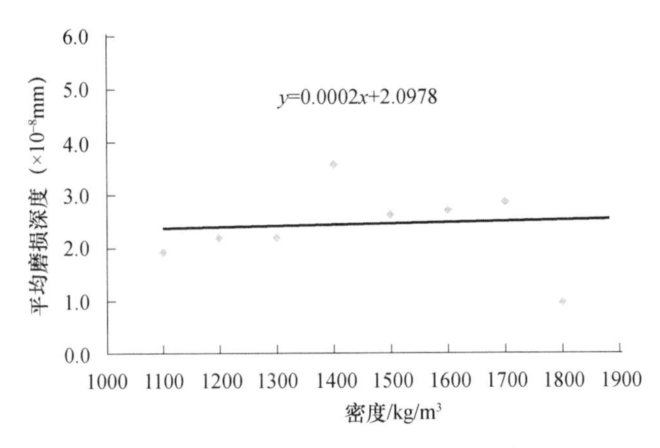

图 4-32　不同密度下的平均磨损深度

4.5 中部槽离散元模型与仿真

4.5.1 中部槽离散元模型构建

通过 UG 对 SGZ880/800 型号刮板输送机进行三维建模，简化后模型的主视图及轴侧视图如图 4-33 所示。通过离散元仿真，研究中部槽在不同铺设倾角、物料堆积及距离落煤点不同部位的磨损变化。离散元仿真时，接触模型及参数的选择与磨损试验机仿真相同。煤颗粒模型参考 4.3.5.2 节，粒度设定为为 70~90mm 之间，在整个仿真中，颗粒不间断生成。参考 4.4.1.2 节，对中板进行网格划分，网格间距设定为 1.5。仿真时，刮板链速设定为 1.1m/s。

4.5.2 基于铺设倾角的中部槽磨损仿真

中部槽在矿井作业时，底板表面并不平整，通过设定不同的中部槽铺设倾角，研究地形变化对中部槽的磨损影响。设定三个不同的铺设角，分别为下坡工况（-10°）、水平工况（0°）、上坡工况（10°），仿真时间设定为 13s。

图 4-34（a）为不同铺设倾角下，中部槽的磨损深度随时间的变化，结果

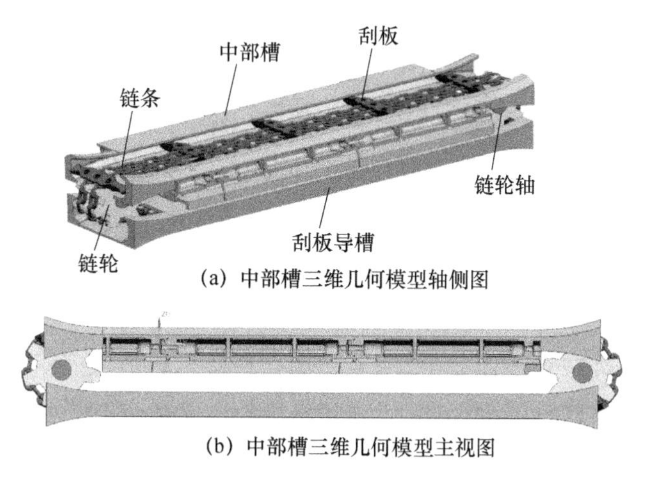

(a) 中部槽三维几何模型轴侧图

(b) 中部槽三维几何模型主视图

图 4-33　中部槽三维几何模型

表明，下坡时的磨损深度高于上坡时的磨损深度。图 4-34(b)为不同铺设倾角下煤颗粒的平均速度，结果表明，颗粒在下坡速度明显高于上坡。图 4-34(c)为不同铺设倾角下中部槽的平均质量流率曲线图，中部槽在下坡工况下的质量流率大于上坡工况。

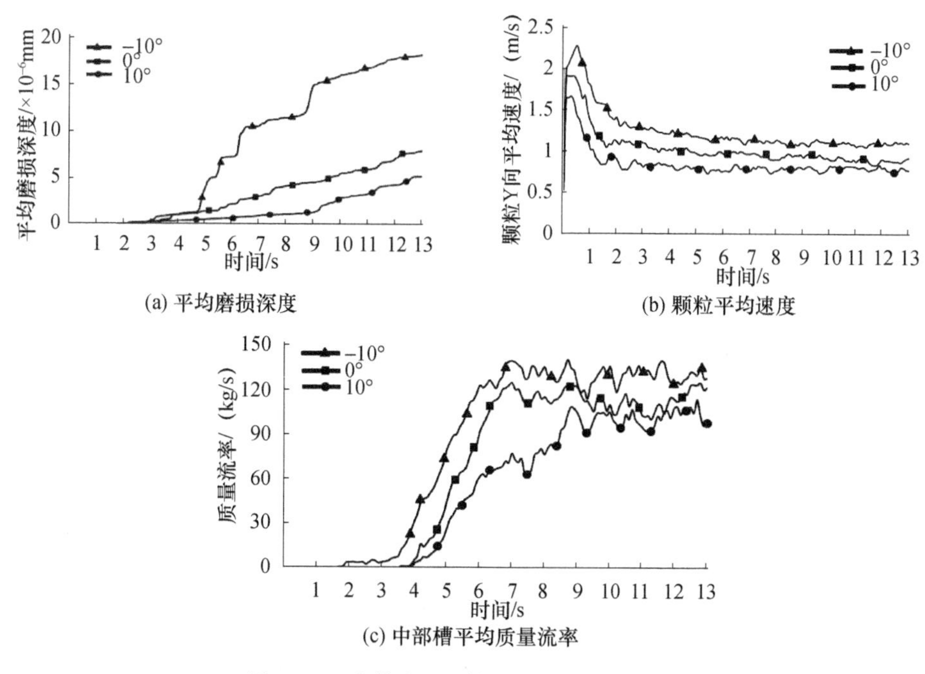

(a) 平均磨损深度　(b) 颗粒平均速度

(c) 中部槽平均质量流率

图 4-34　中槽在不同铺设角下的运行曲线

分析原因，中部槽在下坡时，颗粒平均最大速度可达 2.3m/s，明显高于其他工况，速度越大，则散料与中部槽之间的碰撞越剧烈，造成的磨损也就越大。另外，下坡时的质量流率稳定值约为 130 kg/s，比水平工况增加了 13%，比上坡工况增加了 30%，即相同时间内下坡工况时通过的煤散料更多，则磨损量也越大。

4.5.3 基于物料堆积的中部槽磨损仿真

刮板输送机在实际作业中，经常出现物料堆积的情况。本节针对中部槽物料局部堆积及严重堆积工况，研究物料堆积对于磨损的影响。在中部槽靠近中段位置，通过提前生成颗粒的形式，模拟物料堆积，轻度堆积生成颗粒为 20 kg，重度堆积生成颗粒为 60 kg，模拟时间设定为 10 s。图 4-35 为两种堆积工况下，中部槽的平均磨损深度变化情况。中部槽磨损深度随着仿真时间波动上升，另外物料严重堆积时的平均磨损深度要高于轻微堆积时。图 4-36 为不同堆积工在 7 s 时的颗粒的运动形态。其中红色颗粒为堆积颗粒，蓝色为刮板正常运输的颗粒。当刮板输送机运行到 7 s 时，轻度堆积工况（图 4-36（a））的红色颗粒已经基本被正常运行的蓝色颗粒冲散；而同样是 7 s 时间，重度堆积工况（图 4-36（b））的红色颗粒依然有一部分堆积在中部槽上。可见，堆积越严重，颗粒向前运输的阻力就越大，从而导致颗粒对中板的磨损加剧。

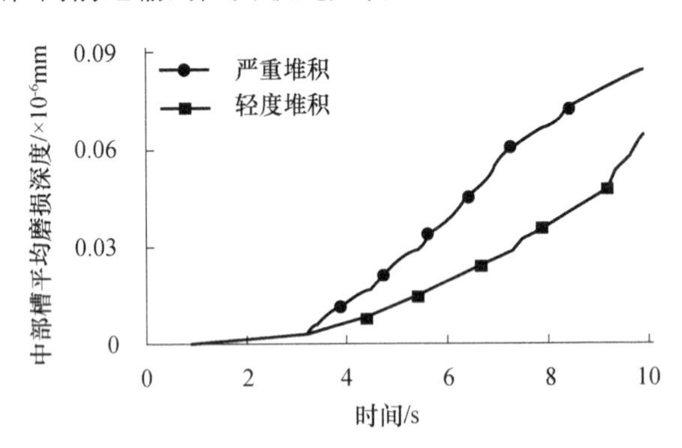

图 4-35 两种堆积条件下的平均磨损深度曲线

4.5.4 基于落煤点的中部槽磨损仿真

为了进一步了解中部槽在不同部位的磨损情况，按照据离落煤点的不同

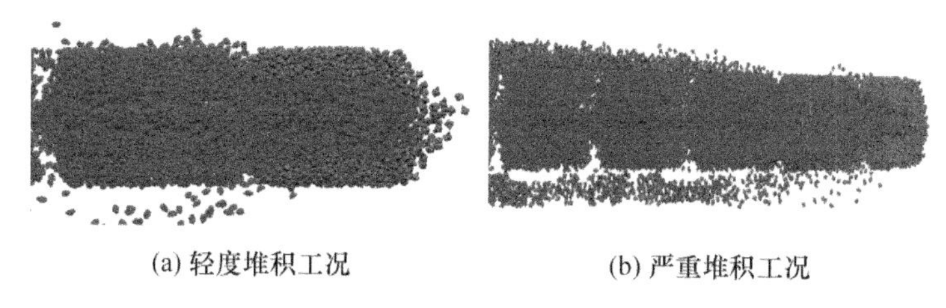

图 4-36　堆积工况 7s 时刻煤颗粒的分布形态

将中部槽分为三节,分析不同部位的磨损情况。将落煤点设置于中部槽最左端,磨损时间设定为 8s。通过 EDEM 获得中部槽法相累计能量云图(图 4-37(a))及平均磨损深度云图(图 4-37(b))。观察可知,距离落煤点越近则法相累计接触能量越大,磨损越剧烈。图 4-38 为不同部位的磨损深度变化图,表明随着刮板输送机的持续运动,中部槽在不同部位的磨损深度持续增加,越靠近落煤点,磨损越严重。分析认为,落煤点附近,颗粒持续下落,对中板表面造成剧烈的冲击磨损,导致磨损加剧;而距离落煤点越远,颗粒速度逐渐趋于平缓,冲击磨损相对减弱。

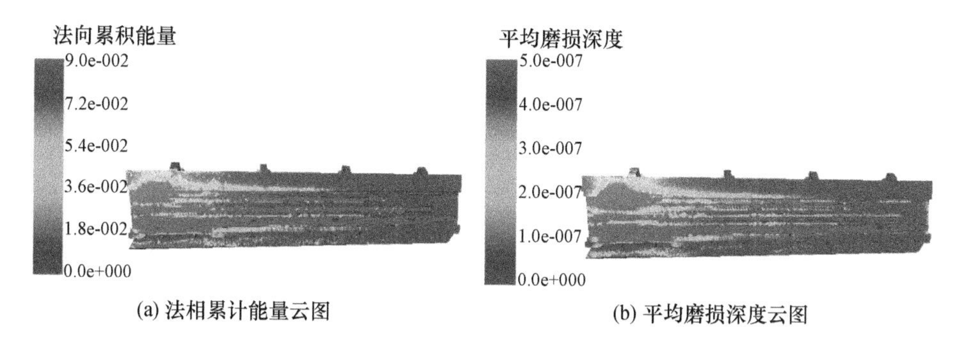

图 4-37　累积接触能量和磨损深度分布

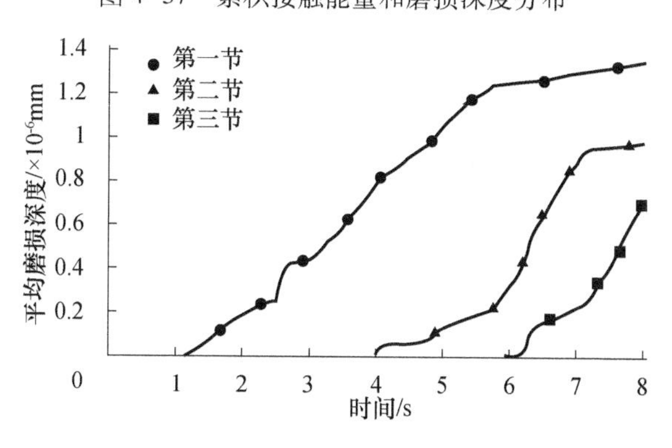

图 4-38　不同位置下的平均磨损深度

4.6 本章小结

本章介绍了离散元的基本理论、多体动力学理论以及离散元与多体动力学耦合的基本流程;针对离散元仿真所需的散料参数进行测定及标定,并基于参数标定结果,以中部槽磨损试验台为模型进行中部槽磨损的离散元与多体耦合仿真,通过仿真与试验结果的对比,验证离散元仿真的可靠性;采用离散元仿真研究煤散料的物理特性对于中部槽磨损的影响;通过建立真实的刮板输送机三维模型,采用离散元磨损仿真,分析不同矿井环境下中部槽的磨损特性。

第5章 刮板输送机中部槽磨损量预测

5.1 引　言

目前关于刮板输送机寿命预测的研究,多是依据疲劳寿命理论,使用有限元软件进行疲劳分析,或通过采集工况故障等数据,建立链条或机电系统的寿命预测模型,然而,刮板输送机的寿命很大程度上取决于中部槽的磨损。为此,在前述章节中,我们通过试验的方法对中部槽磨损进行研究,分别建立了改进的 Archard 磨损经验模型及 CCD 磨损预测回归模型。经验模型的建立依赖于大量精准的试验测量数据,偶然的测量误差会对其产生较大的影响。随着计算机技术的发展,机器学习是当前计算机科学和信息科学所结合的重要前沿学科之一。通过机器学习算法对有限样本数据进行回归分析,已经被广泛应用于磨损预测领域,而目前在中部槽磨损研究中应用较少。本章基于磨损试验数据,采用多种机器学习算法进行磨损预测研究,探寻各方法在该问题中的可行性及有效性。对各算法的性能及计算结果进行比较,获取最优预测算法及模型。通过与前述所建立的两种模型进行比较,提出最优的中部槽磨损预测方法。

5.2 机器学习算法简介

机器学习算法即通过对现有数据样本的学习,发现潜在规律,并将此规律应用到后续样本处理及数据预测中。李鑫等[158]采用人工神经网络模型预测刀具磨损,与经验模型结果对比获得更高的预测精度。邓建球等[159]通过人工蜂群算法(Artificial Bee Colony,ABC)寻优找到最优的支持向量回归(Support Vector machine for Regression,SVR)参数建立了更好的磨损故障预测模型。毕长波等[160]利用 GA-BP 算法预测,建立了更为精确的多元刀具磨损预测模型。在本书的中部槽磨损预测研究中,笔者选择三种机器学习算法,BP 神经网络、极限学习机及支持向量机进行建模研究。

5.2.1 BP 神经网络

BP(Back Propagation)神经网络是多层前馈神经网络,基本原理是通过误差的反向传播调整其网络权值的训练算法,1986 年由 D. E. Rummelhart 等提出。每个神经元只前馈到其下一层的所有神经元,没有层内联结、各层联结和反馈联结。BP 算法具有操控性好、结构简单、训练算法多和可调参数多等优点,实际运用广泛,大多数神经网络模型都是采用 BP 神经网络或是 BP 神经网络变化式[161,162]。

BP 神经网络的结构包含了三层及以上的神经元,其中包括输入层、中间层(隐含层)和输出层,结构见图 5-1 所示。

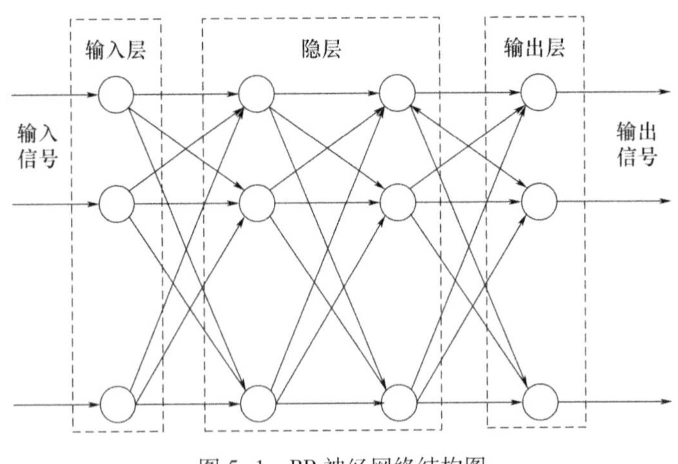

图 5-1　BP 神经网络结构图

BP 算法的基本步骤为:

(1)将权值 W 及阈值 b 设定为小的随机值;

(2)提供输入样本向量 P 及对应的输出向量 T;

(3)隐含层和输出层的计算。

隐含层输出为

$$a_1 = \mathrm{tansig}(W_1P + b_1) \tag{5-1}$$

输出层的输出为

$$a_2 = purelin(W_2P + b_2) \tag{5-2}$$

式中:tansig 是 sigmoid 型函数的正切式;sigmoid 型函数为 $f(x) = 1/(1 + e^x)$;purelin 型函数是线性函数。

(4)调整权值:

$$w_i(k + 1) = w_i(k) + \eta D(k), i = 1,2,\cdots \tag{5-3}$$

式中:$w(k + 1)$、$w(k)$ 分别为 $k + 1$、k 时刻的权向量;η 是学习率;$D(k)$ 为 k 时刻的负梯度。

(5)计算均方误差函数 MSE:

$$MSE = \frac{1}{N}\sum_{i=1}^{N} e_i^2 = \frac{1}{N}\sum_{i=1}^{N}(t_i - a_i)^2 \tag{5-4}$$

式中:e 为误差矢量;t 为目标矢量;a 为输出矢量;N 为矢量维数。

(6)重复步骤(2)~(5),直至均方误 $MSE < \varepsilon$ 停止。

5.2.2　极限学习机

极限学习机(Extreme Learning Machine,ELM)属于一种单隐含层前向神经网络,学习速度较快,泛化能力强,其基本原理如下:假设 N 个样本训练集的输入矩阵为 X,输出矩阵为 Y,一个有 L 个隐含层节点数的单隐含层前向神经网络可以表示为

$$\sum_{t=1}^{L} \beta_t g(W_tX + b_t) = O_j \tag{5-5}$$

式中:$j = 1,\cdots,N$, $g(x)$ 为激活函数;W_t 为 L 个隐含节点和输出节点之间的输入权重;β_t 为 L 个隐含节点和输出节点之间的输出权重;b_t 为第 t 个隐含层节点的偏差。

为使得输出误差最小,真实值和模型输出值的误差应为最小,即

$$\sum_{j=1}^{t} \| O_j - Y \| = 0 \tag{5-6}$$

将式(5-6)带入式(5-5)可得

$$H\beta = Y \tag{5-7}$$

其中,H 为隐含层节点输出。

$$H = \begin{bmatrix} g(W_1 \cdot X_1 + b_1)\cdots g(W_L X_L + b_L) \\ g(W_1 \cdot X_N + b_1)\cdots g(W_L X_N + b_L) \end{bmatrix} \tag{5-8}$$

$$\beta = \begin{bmatrix} \beta_1^T \\ \vdots \\ \beta_L^T \end{bmatrix}_{L\times m} \quad Y = \begin{bmatrix} Y_1^T \\ \vdots \\ Y_N^T \end{bmatrix}_{N\times m} \tag{5-9}$$

由于 $L \ll N$,H 为非方阵,因此一旦随机确定输入权重 W_t 和偏差 b_t ,则通过 Moore-Penrose 广义逆求得 H^+ ,则 β 为

$$\beta = H^+ T \tag{5-10}$$

5.2.3 支持向量机

支持向量机(Support Vector Machine,SVM)对于处理小样本、多维度数据样本,能够获得良好的统计规律,广泛应用于回归及分类问题的研究中。

1. 支持向量机回归原理

支持向量回归有线性回归和非线性回归,对于线性回归,有如下数据 $(x_1,y_1),(x_2,y_2),\cdots,(x_N,y_N)$,$x_i,y_i \in R$ 。使用线性回归函数:

$$f(x) = \omega \cdot \varphi(x) + b \tag{5-11}$$

估计样本数据。为了确保 $f(x)$ 平坦,通过最小欧式距离的空间范数寻找最小 ω 。假设存在这样一个函数 f 在精度 ε 能够估计到所有(x_i,y_i),于是寻找最小 ω 可以表示为凸优化问题:

$$\min \frac{1}{2} \| \omega \|^2 \tag{5-12}$$

约束条件为

$$\begin{cases} y - \omega \cdot x - b \leqslant \varepsilon \\ y - \omega \cdot x - b \geqslant - \varepsilon \end{cases} \tag{5-13}$$

其中:$\frac{1}{2}$ 是为了方便计算而添加的常数。

为了处理函数 f 在 ε 精度不能估计的数据,引入松弛变量 ξ_i,ξ_i^* ,因此式

(5-12)和式(5-13)可以写作

$$\min \frac{1}{2} \| \omega \|^2 + C \sum_{i=1}^{N} (\xi_i + \xi_i{}^*) \tag{5-14}$$

约束条件为

$$\begin{cases} y_i - \omega \cdot x_i - b \leqslant \varepsilon + \zeta_i \\ \omega \cdot x_i + b - y_i \geqslant \varepsilon + \zeta_i^* \\ \zeta_i, \zeta_i^* \geqslant 0 \end{cases} \tag{5-15}$$

求解上述优化问题,引入拉格朗日函数:

$$L = \frac{1}{2} \| \omega \|^2 + C \sum_{i=1}^{N} (\xi_i + \xi_i^*) - \sum_{i=1}^{N} \alpha_i (\xi_i + \varepsilon - y_i + \omega \cdot x_i + b) - \sum_{i=1}^{N} \alpha_i{}^* (\xi_i + \varepsilon + y_i - \omega \cdot x_i - b) - \sum_{i=1}^{N} (\eta_i \xi_i - \eta_i{}^* \xi_i{}^*) \tag{5-16}$$

在根据 KKT 条件,目标优化函数可以表达为

$$\min \frac{1}{2} \sum_{i=1,j=1}^{N} \alpha_i \alpha_j y_i y_j (x_i x_j) - \sum_{i=1}^{N} \alpha_i \tag{5-17}$$

约束条件为

$$\begin{gathered} 0 \leqslant \alpha_i, \alpha_j \leqslant C, i, j = 1, 2, \cdots, N \\ \sum_{i=1}^{N} y_i \alpha_i = 0 \end{gathered} \tag{5-18}$$

并由式(5-11)得回归函数

$$f(x) = \sum_{i=1}^{N} (\alpha_i - \alpha_i^*)(x_i \cdot x) + b \tag{5-19}$$

其中:$\alpha_i - \alpha_i^*$ 不等于零对应的样本数据就是支持向量。

针对非线性回归模型,首先需将样本映射到高维空间,在高维空间对样本进行线性回归,之后再返回原始空间。通过引入核函数 $K(x_i, x_j) = \langle \varphi(x_i) \cdot \varphi(x_j) \rangle$,提前在低维空间进行内积计算,尽可能减少高维空间的计算量。求解规划问题变为

$$\min_{a_i, a_i{}^*} \{ -\frac{1}{2} \sum_{i,j=1}^{l} (a_i - a_i{}^*)(a_j - a_j{}^*) K\langle x_i, x_j \rangle +$$

$$\sum_{i=1}^{l}(a_i - a_i^*)y_i - \sum_{i=1}^{l}(a_i + a_i^*)\varepsilon\} \tag{5-20}$$

约束条件为

$$\begin{gathered}\sum_{i=1}^{l}(a_i - a_i^*)) = 0 \\ a_i \geqslant 0, a_i^* \leqslant C, i = 1,2,\cdots,l\end{gathered} \tag{5-21}$$

引入核函数之后,回归函数为

$$f(x) = \sum_{i=1}^{l}(a_i - a_i^*)\langle \varphi(x_i), \varphi(x_j)\rangle + b \tag{5-22}$$

用于回归估计的支持向量机结构示意见图 5-2。

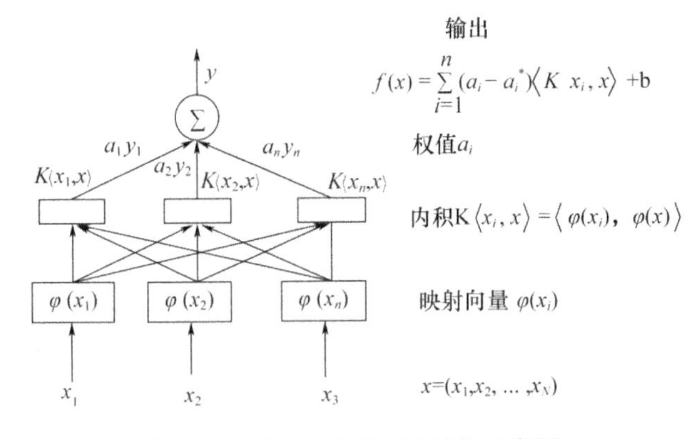

图 5-2　支持向量机回归结构示意图

2. 支持向量机核函数

不一样的核函数会映射不同性质的特征空间,从而会导致不同的算法。但是如何根据具体的实际问题选择合适的核函数还缺乏相应的理论依据。因此在实际问题的处理中,通常直接给出核函数。一般常用的核函数有以下四种形式:

(1)线性核函数:$K(x,y) = x \cdot y$ 。

(2)高斯径向基核函数:$K(x,y) = \exp\left(-\frac{\|x - y\|^2}{2\sigma^2}\right)$,其中 σ 为参数。

(3)多项式核函数:$K(x,y) = (s(x,y) + c)^d$,其中参数 s,c,d 为常数。

(4)Sigmoid 核函数:$K(x,y) = \tanh(s(x,y) + c)$,其中 s,c 为参数。

其中,最常用的一种核函数是高斯径向基核函数,因为它能将输入样本映射到无穷维特征空间中,在该特征空间上有限个训练样本一定是线性可分的。

3. 支持向量机参数选择

本研究中对于磨损量的预测回归建模,选择高斯径向基核函数。此时需要对调整因子 C 及 σ 进行寻优。本研究采用 4 种不同的算法进行参数选取,分别为网格搜索算法(Grid Search,GS)、人工蜂群算法(Artificial Bee Colony,ABC)、粒子群优化算法(Particle Swarm Optimization,PSO)、灰狼优化算法(Grey Wolf Optimization,GWO)。

(1)网格搜索法(Grid Search,GS)

网格搜索法是较常用到的一种寻优算法,通过对需要寻优的参数进行各种尝试、交叉验证,直至得出交叉验证精度较高的参数对为止。该方法的优点是简单易操作,缺点是计算耗时。

(2)人工蜂群算法(Artificial Bee Colony,ABC)

基本原理是模拟蜜蜂的采蜜过程。先将蜂群分为三类:观察蜂、采蜜蜂及侦查蜂,寻优目标是寻找花蜜最大的蜜源。采蜜蜂主要利用初试蜜源来寻找新的蜜源,并与观察蜂共享信息,观察蜂获得共享信息并寻找新蜜源,侦查蜂主要在蜂房附近随机搜索蜜源。用解空间中的点来代表蜜源,蜂群寻找蜜源的过程即在解空间寻优的过程。

(3)粒子群优化算法(Particle Swarm Optimization,PSO)

粒子群优化算法可以理解为,在搜索空间内由许多简单的粒子组成,每一个粒子位置均有可能被目标函数评价,每个粒子搜索自己的历史最优位置及整个群体的全优位置,在此基础上带着一些随机扰动,粒子群整体移动并变化位置,如此循环使得粒子群作为整体向着最优位置点靠近。

(4)灰狼优化算法(Grey Wolf Optimization,GWO)

灰狼算法是按照灰狼社会等级,将狼群分为四个层次,即 α 狼、β 狼、δ 狼、ω 狼。其中 α 狼为领导者,β 狼、δ 狼为辅助者,ω 狼为追随者,前三个等级的狼统称为引导狼,整个优化过程中领导狼始终为最具适应度即最终解。总的来说,引导狼需要首先预测出猎物的大致位置,然后其他位置的狼在当前最优狼的引导下在猎物附近随机更新它们的位置,直至达到最优适应度。

5.3 基于机器学习算法的中部槽磨损量预测

5.3.1 磨损原始数据样本预处理

本书所用数据集为2018年6月至8月在山西省煤矿综采装备试验室,中部槽磨损试验台上测得的试验数据。从中提取所需的特征参数,将得到的特征参数原始数据分为两部分:训练样本和测试样本。训练样本用于回归训练,通过训练学习获得相应的学习能力;测试样本用于回归预测分析,验证模型的拟合效果和精度情况。本书就中部槽磨损的184组实例样本,随机选取105个样本作为训练样本,剩余79个样本作为测试样本。条件属性:含水率A_1,含矸率A_2,法向载荷A_3,磨损行程A_4,中板硬度A_5;决策属性:磨损量D。建立磨损量推理属性决策表,见表5-1所示。

表5-1 磨损量决策表

类型 序号	条件属性					决策属性
	A_1	A_2	A_3	A_4	A_5	D_1
1	10	14	24	2500	317	0.060
2	0	25	10	3840	383	0.0598
⋮	⋮	⋮	⋮	⋮	⋮	⋮
100	10	14	24	1500	504	0.0241
101	0	0	35	3840	425	0.0052
⋮	⋮	⋮	⋮	⋮	⋮	⋮
183	10	0	24	3500	383	0.0029
184	0	25	10	3840	425	0.0521

在回归分析前,为了避免数据量纲差异对预测结果的影响,首先对样本数据进行归一化处理,归一化后原始数据在[0,1]区间。归一化公式为

$$f:x \to y = \frac{x - x_{\min}}{x_{\max} - x_{\min}}, x \in R, y \in R \tag{5-23}$$

5.3.2 模型的预测精度评价标准

在进行样本数据训练和与测试时,需要不断地评价模型的优劣和泛化能力,模型的预测精度有不同的评价标准,常用的有以下几种:

1. 均方差

$$MSE=\frac{\sum_{i=1}^{n}(y_i-\hat{y}_i)^2}{n} \tag{5-24}$$

2. 平均绝对误差

$$MAE=\frac{1}{n}\sum_{i=1}^{n}|y_i-\hat{y}_i| \tag{5-25}$$

3. 平均绝对百分比

$$MAPE=\frac{1}{n}\sum_{i=1}^{n}\frac{|y_i-\hat{y}_i|}{y_i} \tag{5-26}$$

4. 决定系数

$$R^2=\frac{\sum_{i=1}^{n}(\hat{y}_i-\bar{y})^2}{\sum_{i=1}^{n}(y_i-\bar{y})^2} \tag{5-27}$$

其中:n 为测试样本量;y_i 为第 i 个实际数据;$\bar{y}=\frac{1}{n}\sum_{i=1}^{n}y_i$;$\hat{y}_i$ 为第 i 个预测数据。

MSE、*MAE* 和 *MAPE* 的值越小表示模型性能越好。R^2 的范围在[0,1],越接近 1 表示模型的性能越好。

5.3.3 程序实现及参数设置

算法测试环境为:Window 7,CPU 为至强 e5,内存为 8G,试验使用的主要软件是 MatlabR2016a,分别采用 BP、ELM 和 SVM 三种算法对磨损数据进行回归预测。样本结构为 5 个条件属性及一个决策属性。

1. BP 神经网络

任意一个三层 BP 神经网络只要具备一定的隐含层神经元数,即可模拟出非线性结果。可见隐含层神经元数对于模型的结果影响较大,但目前对于隐含层数的设定还没有一个最权威的确定方式。通过参考相关文献[152,153]，本书中选择如下公式确定：

$$l = \sqrt{n + m} + a \tag{5-28}$$

式中：l 为隐含层神经元数；n 为决策属性取值为 1；m 为条件属性取值为 5；a 为 1~10 之间的整数。

通过计算得 l 的取值范围为[3,12]。设置不同隐含层进行神经网络建模，通过比较训练误差选出最适宜的隐含层并构建磨损模型。不同隐含层神经元数的网络平均预测误差见表 5-2 所示：

表 5-2　隐含层神经元数为 3~12 之间的训练误差 *MSE*

隐含层	*MSE*	隐含层	*MSE*
3	0.0013732	8	0.0015493
4	0.0016618	9	0.0018014
5	0.003175	10	0.0015541
6	0.0011102	11	0.00082982
7	0.0016188	12	0.0014142

由以上训练误差比较可知，当隐含层神经元数为 11 时的训练误差最小，故在进行 BP 神经网络模拟时将隐含层设定为 11。

2. 极限学习机

ELM 模型针对单隐含层前馈神经网络，无须烦琐训练就可以得到较优解，需要调整的参数仅为隐含层节点个数 N，目前虽然没有精确估计 N 的方法，但 N 值小于等于样本数，大大缩小了搜索范围[163]。给定训练样本数目为 105 组，设 ELM 隐含层节点个数为 $N \leqslant 105$。针对不同隐含层节点数进行回归计算见表 5-3，比较其训练误差获得最优隐含层节点数为 60。

表 5-3　不同隐含层神经元数的训练误差 *MSE*

隐含层	*MSE*	隐含层	*MSE*
10	0.0017121	60	0.0011251
20	0.0015971	70	0.0025817
30	0.0012722	80	0.0054124
40	0.0011602	90	0.056462
50	0.0018499	100	0.0094637

3. 支持向量回归

核函数类型选择 RBF,分别使用 GS、PSO、ABC、GWO 四种方式获取参数 C 及 g。

在使用 GS 进行参数优化时,综合考虑运算时间,给出参数 C 的范围 0.1~1,参数 g 的范围为-0.1~1,步长均为 0.1。PSO 种群规模设置为 20,迭代次数设置为 100,参数范围设置为 0.1~1。ABC 算法中,设置蜂群规模为 20,迭代次数为 100 次,参数范围设置同样为 0.1~1。GWO 算法中,设置狼群数量为 20,迭代次数为 100 次,参数范围设置为 0.1~1。

5.3.4 结果分析

分别采用 BP、ELM 对原始数据直接实现回归,结果汇总如表 5-4。

表 5-4　BP、ELM 结果汇总

方法	*MSE*	*MAE*	*MAPE*	R^2	运行时间/s
BP	0.00082983	0.023101	0.050447	0.78184	0.779155
ELM	0.0011251	0.025832	0.049507	0.72084	0.025850

在 SVR 回归时,分别采用前文所述的 4 种不同的参数算法,每种算法都取运行多次的平均值。汇总性能评价指标如表 5-5 所列。各算法的适应度曲线如图 5-3 所示。

从表 5-5 中可知,在本书所选数据集上,GS 算法均方误差、绝对误差及百分比误差均为最小,且 GS 算法在 R^2 上表现最好,但运行耗时最长。而其他算法在预测性能表现上差异并不是很大,相关系数均明显差于 GS 算法。针对本书数据集,PSO 及 GWO 算法耗时相近,而 ABC 算法相对耗时久一些,但均远低于 GS 算法。

表 5-5　SVR 不同参数选择算法结果汇总

方法	*MSE*	*MAE*	*MAPE*	R^2	运行时间/s
GS	0.00081914	0.022384	0.053507	0.82488	26.29
PSO	0.0046371	0.061906	0.070805	0.48287	2.397
ABC	0.0047509	0.063296	0.071356	0.48566	4.315
GWO	0.0043988	0.059342	0.06943	0.48619	2.509

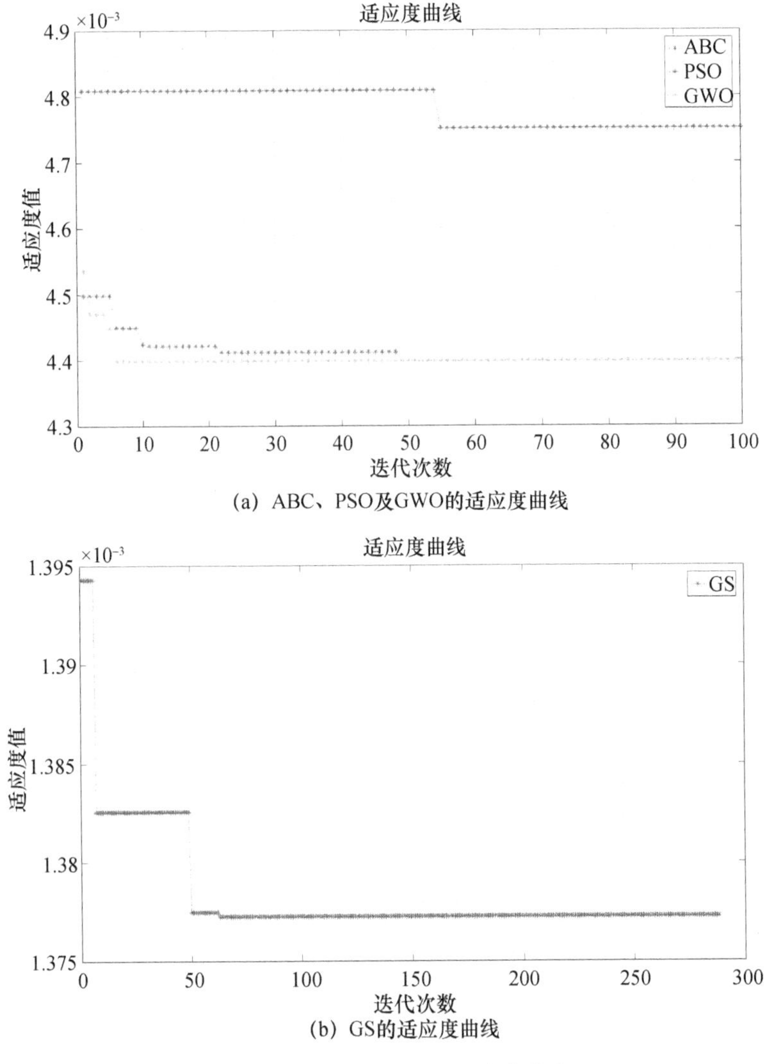

(a) ABC、PSO及GWO的适应度曲线

(b) GS的适应度曲线

图 5-3　四种不同算法的适应度曲线

各搜索算法的适应度曲线分析，见图 5-3。首先从收敛的结果来看，GS 算法的收敛值最小，达到 1.375×10^{-3}；PSO 算法与 GWO 算法的收敛值相近，在 4.4×10^{-3} 左右；ABC 算法的收敛值最大。其次，从达到收敛的迭代次数来看，GWO 与 PSO 在同样收敛值的情况下，达到收敛的次数分别为 6 及 23 次；ABC 算法在 55 次达到收敛；GS 算法在 60 次左右达到收敛。综上所述，在所选的搜索算法中，网格搜索法具有更好的性能。

对所选的三种预测算法 BP 神经网络、ELM 极限学习及 SVR 支持向量机回归进行比较可得,GS-SVR 算法的各项指标更优于其他两种算法,且相关系数更高。故针对本样本选用 GS-SVR 算法进行磨损预测。

5.4 试验模型与机器模型的对比分析

将第 3 章中所建立的基于 CCD 试验获取的回归方程与基于改进的 Archard 磨损量预测模型与 5.3 节所建立的 GS-SVR 磨损预测模型进行对比,得到结果如表 5-6。图 5-4 为预测结果与实测结果的对比。

表 5-6 试验模型与机器模型的预测结果

方法	GS-SVR 模型	CCD 回归模型	改进 Archard 模型
R^2	0.82488	0.52578	0.29412

通过对三种模型的预测值及实测值分析,CCD 回归方程的决定系数为 0.52578,改进的 Archard 方程的决定系数为 0.29412,GS-SVR 预测模型的决定系数最佳为 0.82488。从结果对比图上观察,GS-SVR 模型的预测数据,相较于其他两种预测方式,其与真实值的贴合度更高,整体趋势更加接近。比较可知,通过机器学习算法 GS-SVR 获得的磨损量模型相对更好。

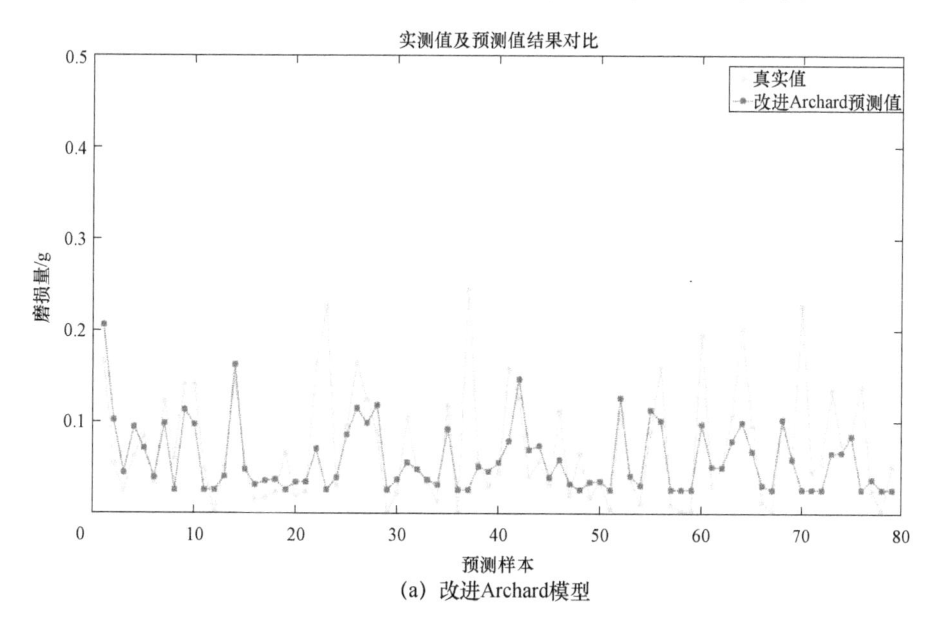

(a) 改进Archard模型

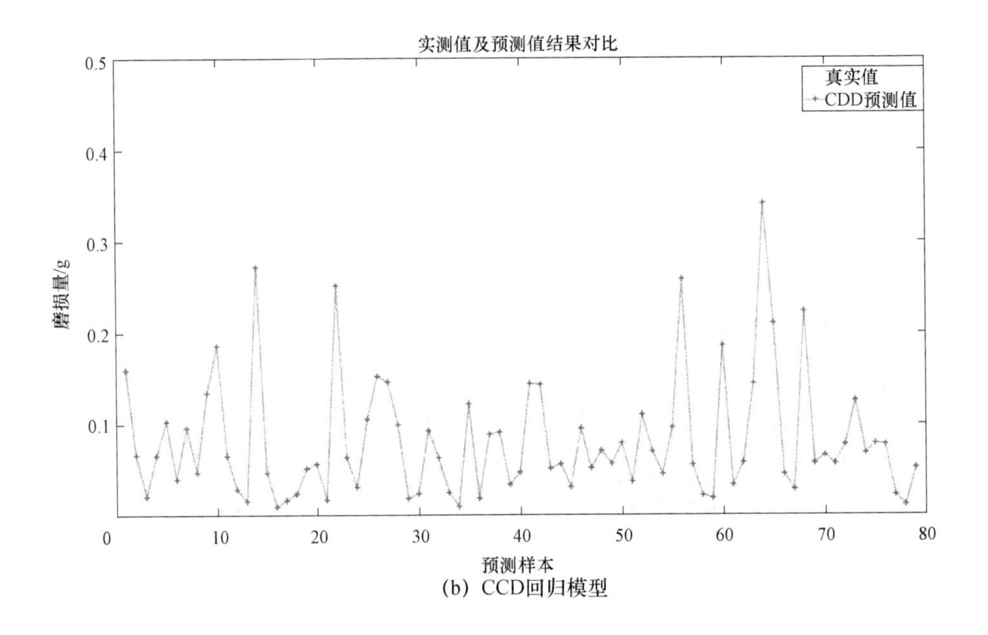

(b) CCD回归模型

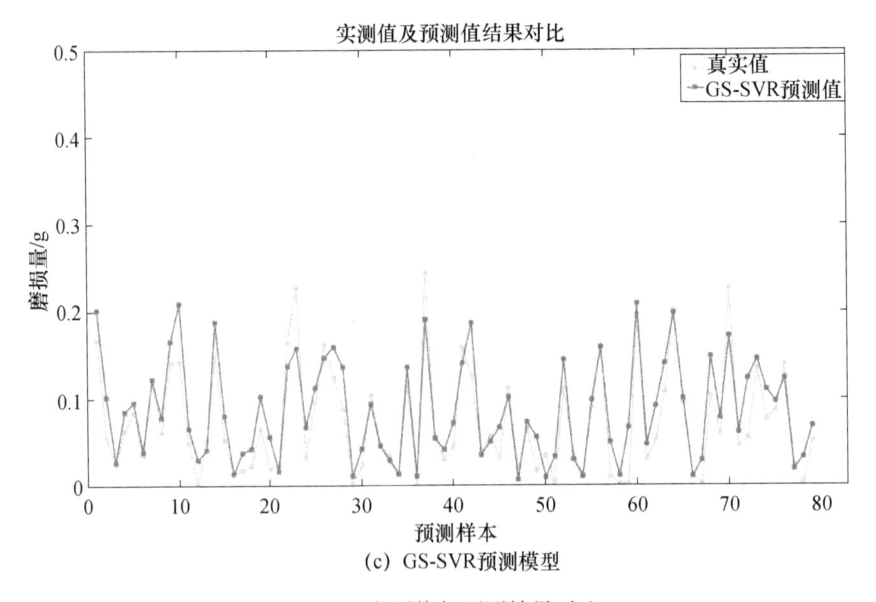

(c) GS-SVR预测模型

图 5-4　实测值与预测结果对比

5.5 本章小结

本章基于机器学习算法理论，构建了中部槽磨损量预测的机器算法模型。

(1)通过对BP神经网络、极限学习机、支持向量机等机器学习算法理论的介绍，明确进行回归预测方法及步骤。

(2)基于中部槽磨料磨损的试验数据，通过随机划分建立模型预测样本及测试样本，采用BP、ELM及SVR进行磨损预测。其中针对支持向量机，选择4种算法(GS、PSO、ABC、GWO)进行参数优选。结果表明GS-SVR算法模型最优。

(3)将所建立的GS-SVR模型与CCD回归模型及改进Archard磨损模型进行比较，表明机器学习算法的磨损模型表现更好。

第6章 结论与展望

6.1 主要结论

本书从摩擦学系统角度出发，构建中部槽摩擦学系统结构；设计中部槽磨损试验台，模拟中部槽磨损过程，分别通过 Plackett-Burman 显著性因素筛选试验及 CCD 多因素耦合作用试验、单因素及因素交互试验，研究耦合因素作用下及单因素作用下中部槽的磨损规律变化及主要磨损机理；通过离散元法进行中部槽磨损仿真研究，针对离散元仿真所需的散料参数进行测定及标定，并基于参数标定结果，以磨损试验机为模型进行中部槽磨损的离散元与多体动力学耦合仿真，通过仿真与试验结果的对比，验证离散元仿真的可靠性；采用离散元仿真研究煤散料的物理特性对于中部槽磨损的影响；通过建立真实的刮板输送机三维模型，研究不同工况下中部槽的磨损特性；基于中部槽磨损试验数据，构建磨损预测模型。

本书主要结论如下：

(1)通过 Plackett-Burman 多因素筛选试验，经过方差分析、帕累托图及主效应分析，得出影响中部槽磨损的显著性因素为含水、含矸及法向载荷。基于 CCD 多因素耦合试验，确定各主要影响因素之间的耦合作用关系，表明含水率与含矸率、含水率与磨损行程的耦合作用会使中部槽磨损加剧。建立了显著性参数与磨损量之间的二次回归模型并对其进行优化。通过多因素耦合作用试验表明，煤散料含水率是影响磨损的关键性因素，在其与含矸及行程的耦合作用中,磨损量变化更为显著。

(2)单因素及因素交互试验结果表明,含水、含矸、法向载荷及磨损行程与磨损量呈正相关性,煤散料的含水率及含矸率对磨损的影响要明显高于法向载荷及磨损行程的影响。提高中板硬度增强耐磨性的效果显著,尤其是在煤散料含水较大及含矸率较大时,更应该通过提高硬度来提升抗磨损性能。在因素交互试验基础上,将含水率、含矸率综合考虑,构建了磨损量预测效果,更好地改进 Archard 中部槽磨损经验模型。

(3)通过电子显微镜及聚焦形貌恢复技术对因素变化时中部槽磨损表面进行分析,表明煤散料作用下中部槽的磨损机理主要以微犁削为主的磨料磨损为主。当煤散料中含水率增加时,会在金属表面产生严重的腐蚀磨损,矸石含量的增加会加剧微犁削磨损。当表面载荷增加时,会加剧金属之间的粘着磨损。当磨损行程变大时,磨损表面不断塑性变形导致疲劳脱落,整体表现为微犁削磨料磨损及疲劳剥落。

(4)针对离散元仿真所需的散料参数进行测定及标定。通过试验测定了离散元模拟所需的接触参数,包括煤料颗粒剪切模量、密度、煤—煤的恢复系数、煤—钢的恢复系数以及煤—钢的静摩擦系数。研究了恢复系数、煤—钢静摩擦系数及堆积角随含水率的变化规律。针对无法直接测定的参数,煤—煤的静摩擦系数、煤—煤的滚动摩擦系数、煤—钢的滚动摩擦系数及煤—煤的表面能则以堆积角为响应值,采用仿真与试验结合的参数标定方法,并对不同含水率下的标定结果进行比较分析,表明煤—煤的表面能、煤—煤静摩擦系数及煤—煤滚动摩擦系数对堆积角影响显著,煤—煤的表面能及煤—煤的静摩擦系数间存在耦合作用。

(5)基于煤散料参数标定结果,以磨损试验机为模型进行离散元与多体动力学耦合仿真,研究中部槽的磨损规律,表明含水率、含矸率、磨损行程及法向载荷与磨损深度呈正比,与单因素试验结果相互印证,表明所建模型准确可靠。

(6)采用离散元法研究煤散料的物理特性(泊松比、剪切模量、密度)对中部槽磨损的影响,表明磨损深度随着泊松比、剪切模量、密度的增大而增大。

(7)通过建立真实的刮板输送机三维模型,研究了矿井环境对中部槽磨损的影响,结果表明:刮板输送机中部槽的磨损量与铺设倾角呈负相关,物料严重堆积状态下中部槽的平均磨损深度明显要比物料轻度堆积时大。不同部位中部槽的磨损研究结果表明:靠近落煤点的中部槽所受碰撞和冲击较为激烈,磨损较为严重;距落煤点较远时,输送状态平缓,磨损量较小。

(8)基于中部槽磨损试验数据,通过随机划分建立模型预测样本及测试样本,采用BP、ELM及SVR进行磨损预测。结果表明GS-SVR算法模型最优。将所建立的GS-SVR模型与CCD回归模型及改进Archard经验模型进行比较,表明机器学习算法的磨损模型更优。

本书主要创新点如下:

(1)研制了刮板输送机中部槽磨损试验台,该试验台可以模拟中部槽的磨损形式,进行多因素耦合作用下中部槽磨损试验,取得了较好的试验结果。

(2)磨损试验结果研究发现含水率、含矸率、法向载荷是影响中部槽磨损的显著性因素,含水率与含矸率、含水率与磨损行程的耦合作用会加剧中部槽磨损。

(3)离散元微观参数试验研究发现随着煤颗粒含水率增大,煤—煤恢复系数和煤—钢恢复系数逐渐减小、煤—钢静摩擦系数逐渐增大;影响含湿物料堆积角的显著性因素为煤—煤表面能、煤—煤滚动摩擦系数、煤—煤静摩擦系数,而煤—钢滚动摩擦系数的影响可忽略,为煤颗粒微观参数设定提供了依据,有助于获取更加准确的离散元模拟结果。

(4)构建了基于因素交互试验的改进型Archard磨损量预测经验模型,该模型综合考虑了含水、含矸、法向载荷、磨损行程及中板硬度的影响,预测精度高于传统的Archard模型;构建了基于磨损试验数据的GS-SVR磨损预测模型,通过与传统的回归模型、经验模型比较,GS-SVR磨损预测模型具有更高的磨损量预测精度。

6.2 工作展望

主要分为完善现有研究、磨损研究成果的推广及应用，具体分析如下：

1. 进一步完善本书的相关内容

(1)在多因素耦合作用下中部槽的磨损试验研究中，受到试验室条件的限制，无法将环境条件如温度、湿度等考虑到多因素分析中，下一步将尽快搭建恒温恒湿实验室，深入研究环境因素对中部槽磨损的影响。

(2)在进行离散元煤散料测定及标定时，仅对试验测定的因素如恢复系数、煤—钢静摩擦系数分析了随含水率变化的规律。而对于仿真标定的参数，则缺少相应的研究。下一步将增加不同含水率下的标定试验，完善数据，研究标定参数随含水率的变化规律。

(3)在离散元磨损分析中，目前的研究存在两方面问题需要完善。其一是颗粒建模时假定颗粒不破碎，其二是通过磨损深度代表磨损量。下一步将通过离散元二次开发，构建可破碎的颗粒模型并通过磨损体积代表磨损量。

2. 磨损研究成果的推广及应用

(1)基于中部槽磨损分析建立中板选材及磨损预测平台。

进行中部槽磨损的研究，归根结底是要通过了解规律，从而为更好地进行中部槽的选材设计提供思路及方法。下一步将建立中板选材及磨损预测平台，根据不同矿井环境，将磨损规律及离散元模型相结合，对中部槽的选材、磨损区域预测提供帮助。

(2)新型耐磨材料的研发测试。

依托中部槽磨损试验台，对新型耐磨材料在中部槽的应用情况进行磨损检测。目前实验室已为中国煤炭科工集团太原研究院研发的某新型刮板材料提供了磨损检测。下一步将根据企业反馈，改进试验设备、完善试验流程，为更多新型耐磨材料在中部槽的应用提供服务。

参考文献

[1] Rao Z H, Zhao Y M, Huang C L, et al. Recent developments in drying and dewatering for low rank coals[J]. Progress in Energy and Combustion Science, 2015, 46: 1-11.

[2] 朱华,吴兆宏,李刚,等. 煤矿机械磨损失效研究[J]. 煤炭学报,2006(03):380-385.

[3] Ju J Y, Li W, Wang Y Q, et al. Dynamics and nonlinear feedback control for torsional vibration bifurcation in main transmission system of scraper conveyor direct-driven by high-power PMSM[J]. Nonlinear Dynamics, 2018, 93(2): 307-321.

[4] Liu W J, Li J, Huo X D. Mechanism of strengthening and toughening for wear resistant steel NM400 with high strength and low alloy[J]. Journal of iron and steel research, 2014, 26(7): 77-82.

[5] 葛世荣,王军祥,王庆良,等. 刮板输送机中锰钢中部槽的自强化抗磨机理及应用[J]. 煤炭学报,2016,41(09):2373-2379.

[6] 汪选国,严新平,李涛生,等. 磨损数值仿真技术的研究进展[J]. 摩擦学学报,2004,24(2):188-192.

[7] 罗庆吉,石国祥. 综采工作面刮板输送机的现状和发展趋势[J]. 煤矿机电,2000(5):54-57.

[8] 王志娜. 刮板输送机中部槽耐磨技术[J]. 煤矿机械,2017,38(4):101-103.

[9] 杨秀芳. 刮板输送机的动态研究与仿真[D]. 太原:太原理工大学,2004.

[10] 贾会会. 刮板输送机中部槽的研究现状及发展趋势[J]. 矿山机械,2010,38(5):13-16.

[11] 张长军,陈志军,郝石坚. 煤矿机械的磨料磨损与抗磨材料[J]. 中国煤炭,1995(4):16-19+53.

[12] 刘白,曲敬信. 煤矿刮板运输机 16Mn 钢中部槽的磨损失效分析[J]. 特殊钢,2003,24(6):43-44.

[13] 徐蕾. 极端工况下矿井提升机衬垫摩擦学性能及改性研究[D]. 徐州:中国矿业大学,2010.

[14] Krawczyk J, Pawlowski B. The analysis of the tribological properties of the armoured face conveyor chain race [J]. Archives of Mining Sciences, 2013, 58(4): 1251-1262.

[15] 王斐. BTW 中锰耐磨板的摩擦学性能研究[D]. 徐州:中国矿业大学,2015.

[16] 李丁. 中锰耐磨钢 BTW1 在汾西矿业集团的应用研究[J]. 山西焦煤科技,2017,41(4):51-53.

[17] 李敏,李惠东,李惠琪,等. 等离子束表面冶金技术在刮板机溜槽上的应用研究[J]. 矿山机械,2004,32(11):59-61.

[18] 孙玉宗. 煤矿刮板输送机中部槽循环利用工程技术研究[J]. 煤炭工程,2009,(8):114-116.

[19] 李固成. Cr26 高铬铸铁—硬质合金复合耐磨溜槽衬板[J]. 中国铸造装备与技术,2014,(3):7-12.

[20] 赵运才,李伟,张正旺. 中部槽磨损失效的摩擦学系统分析[J]. 煤矿机械,2007,28(8):57-58.

[21] 荆元昌,孟宪堂,陈华辉. 刮板运输机中部槽摩擦学的研究[J]. 润滑与密封,1983.

[22] 邵荷生,陈华辉. 煤的磨料磨损特性研究[J]. 煤炭学报,1983(04):12-18+97-100.

[23] Shi Z Y, Zhu Z C. Case study: Wear analysis of the middle plate of a heavy-load scraper conveyor chute under a range of operating conditions [J]. Wear, 2017, 380-381: 36-41.

[24] 杨泽生,林福严. 改进刮板与中部槽摩擦特性的试验研究[J]. 煤矿机械,2010,31(10):35-36.

[25] 梁绍伟,李军霞,李玉龙. 不同煤料对中部槽摩擦特性影响的实验研究[J]. 科学技术与工程,2016,16(22):174-178.

[26] Yarali O,Yaşar E,Bacak G,et al. A study of rock abrasivity and tool wear in Coal Measures Rocks[J]. International Journal of Coal Geology,2008,74(1):53-66.

[27] 史志远,朱真才. 复合工况条件下刮板输送机运料中板磨损行为研究[J]. 摩擦学学报,2017,37(4):472-478.

[28] 梁绍伟. 散煤料对中部槽冲击与摩擦作用的研究[D]. 太原:太原理工大学,2017.

[29] Kumar Anand,Mahapatra M M,Jha P K. Modeling the abrasive wear characteristics of in-situ synthesized Al-4.5% Cu/TiC composites[J]. Wear,2013,306(1-2):170-178.

[30] 杨兆建. 提升机衬垫摩擦系数的回归正交优化设计与分析[J]. 矿山机械,1990(11):18-23.

[31] 刘伟韬,刘士亮,姬保静. 基于正交试验的底板破坏深度主控因素敏感性分析[J]. 煤炭学报,2015,40(9):1995-2001.

[32] Sardar S,Karmakar S K,Das D. High stress abrasive wear characteristics of Al 7075 alloy and 7075/Al_2O_3 composite[J]. Measurement,2018,127:42-62.

[33] 王传礼,马丁,何涛,等. 煤矿水压安全阀微造型阀芯润滑性能正交试验分析[J]. 液压与气动,2017(9):1-6.

[34] 谢晖,凌鸿伟. 基于 Archard 理论的热冲压模具磨损分析及优化[J]. 热加工工艺,2016,45(1):100-104.

[35] Eriksen M. The influence of die geometry on tool wear in deep drawing[J]. Wear,1997,207(1-2):10-15.

[36] 吴劲锋. 制粒环模磨损失效机理研究及优化设计[D]. 兰州:兰州理工大学,2008.

[37] 张克平,姜良朋,姚亚萍. 白口铁抗小麦籽粒粉料的磨料磨损试验研究[J]. 中国粮油学报,2017,32(1):109-112.

[38] Yang C J,Huang X P,Wu J F,et al. Friction and wear behavior of 45# steel

with different plant abrasive[J], Advances in Manufacturing Science and Engineering,2013,712-715: 74-77.

[39] 饶新龙. 土壤力学性能分析及其对45#钢磨损性能的影响[D]. 兰州:甘肃农业大学,2014.

[40] Sinha R, Mukhopadhyay A K. Influence of particle size and load on loss of material in manganese-steel material: an experimental investigation[J]. Archives of Metallurgy and Materials,2018,63(1):359-364.

[41] Cundall P A. A computer model for simulating progressive large scale movement in block rock system[J]. Symposium ISRM,1971,2:129-136.

[42] 朴香兰,郭跃. 离散元模拟技术在带式输送机中的应用[J]. 煤炭科学技术,2012,40(3):87-90.

[43] Huang P P, Xiao X Z. Simulation study the movement of materials in loader shovel working process based on EDEM[J]. Advanced Materials Research, 2013,655-657: 320-325.

[44] Curry D R, Deng Y. Optimizing heavy equipment for handling bulk materials with adams-EDEM co-simulation[C]. 7th International Conference on Discrete Element Methods (DEM), Dalian Univ Technol, Dalian, China, 2017.

[45] 胡燏. 基于PFC2D的综放工作面放煤步距研究[J]. 中国煤炭,2017,43(3):70-73.

[46] 贾嘉,王义亮,杨兆建,等. 镐型截齿不同切削厚度下破煤受力分析[J]. 煤炭工程,2017,49(9):122-125+129.

[47] Qiu X J, Kruse D. Analysis of flow of ore materials in a conveyor transfer chute using discrete element method[M]. Evanston, IL, USA., 1997.

[48] 杨茗予. 刮板输送机中部槽内散体负载动态特性研究[D]. 太原:太原理工大学,2017.

[49] 赵丽娟,范佳艺,刘雪景,等. 采煤机螺旋滚筒动态截割过程研究[J]. 机械科学与技术,2019,38(3):386-391.

[50] Gao K D, Du C L, Dong J H, et al. Influence of the drum position parameters and the ranging arm thickness on the coal loading performance[J]. Minerals,2015,5(4): 723-736.

[51] Coetzee C J, Els D N J. Calibration of discrete element parameters and the modelling of silo discharge and bucket filling[J]. Computers and Electronics in Agriculture, 2009, 65(2): 198-212.

[52] González-Montellano C, Fuentes J M, Ayuga-Téllez E, et al. Determination of the mechanical properties of maize grains and olives required for use in DEM simulations[J]. Journal of Food Engineering, 2012, 111(4): 553-562.

[53] Horabik J, Beczek M, Mazur R, et al. Determination of the restitution coefficient of seedsand coefficients of visco-elastic Hertz contactmodels for DEM simulations[J]. Biosystems Engineering, 2017, 161: 106-119.

[54] Y Lv F, M. Wang X, J Zhang M, et al. Determination and analysis for parameters of shape, size, physical and mechanical properties of soybean grains [C]. Proceedings of the 7th International Conference on Discrete Element Methods, 2016: 1277-1286.

[55] Barrios Gabriel K P, Carvalho Rodrigo M D, Kwade A, et al. Contact parameter estimation for DEM simulation of iron ore pellet handling[J]. Powder Technology, 2013, 248: 84-93.

[56] Sagong M, Park D, Yoo J, et al. Experimental and numerical analyses of an opening in a jointed rock mass under biaxial compression[J]. International Journal of Rock Mechanics & Mining Sciences, 2011, 48(7): 1055-1067.

[57] Shimizu H, Koyama T, Ishida T, et al. Distinct element analysis for Class II behavior of rocks under uniaxial compression[J]. International Journal of Rock Mechanics & Mining Sciences, 2010, 47(2): 323-333.

[58] Yoon J. Application of experimental design and optimization to PFC model calibration in uniaxial compression simulation[J]. International Journal of Rock Mechanics & Mining Sciences, 2007, 44(6): 871-889.

[59] Zhang Qi, Zhu Hehua, Zhang Lianyang, et al. Study of scale effect on intact rock strength using particle flow modeling[J]. International Journal of Rock Mechanics & Mining Sciences, 2011, 48(8): 1320-1328.

[60] Belheine N, Plassiard J P, Donzé F V, et al. Numerical simulation of drained

triaxial test using 3D discrete element modeling[J]. Computers & Geotechnics,2009,36(1):320-331.

[61] Gonzúlez-Montellano C,Ramírez Á,Gallego E,et al. Validation and experimental calibration of 3D discrete element models for the simulation of the discharge flow in silos[J]. Chemical Engineering Science,2011,66(21): 5116-5126.

[62] Marczewska I,Rojek J,Kačianauskas R. Investigation of the effective elastic parameters in the discrete element model of granular material by the triaxial compression test[J]. Archives of Civil & Mechanical Engineering,2016,16(1):64-75.

[63] Ucgul M,Fielke J M,Saunders C. Three-dimensional discrete element modelling of tillage: Determination of a suitable contact model and parameters for a cohesionless soil[J]. Biosystems Engineering,2014,121(2):105-117.

[64] Combarros M,Feise H J,Zetzener H. Segregation of particulate solids: Experiments and DEM simulations[J]. Particuology,2014,12(1):25-32.

[65] Frankowski P,Morgeneyer M. Calibration and validation of DEM rolling and sliding friction coefficients in angle of repose and shear measurements[C], 7th International Confere;nce on Micromechanics of Granular Media (Powders and Grains),Sydney,AUSTRALIA,2013,1542 851-854.

[66] Grima A P,Wypych P W. Investigation into calibration of discrete element model parameters for scale-up and validation of particle-structure interactions under impact conditions[J]. Powder Technology, 2011, 212(1): 198-209.

[67] Poulsen B A,Adhikary D P. A numerical study of the scale effect in coal strength[J]. International Journal of Rock Mechanics & Mining Sciences, 2013,63(63): 62-71.

[68] Coetzee C J. Calibration of the discrete element method and the effect of particle shape[J]. Powder Technology: An International Journal on the Science and Technology of Wet and Dry Particulate Systems, 2016, 297:50-70.

[69] 姜胜强,谭磁安,陈睿,等. 非规则泥沙颗粒流动堆积过程中接触模型参数研究[J]. 泥沙研究,2017,42(5):63-69.

[70] 眭晋. 大豆种子与土壤的碰撞过程试验研究与仿真分析[D]. 长春:吉林大学,2016.

[71] 中华人民共和国国家标准编写组. GB/T 17669. 3—1999,建筑石膏力学性能的测定[S]. 北京:中国标准出版社,1999.

[72] Uchiyama Y I, Arakawa M, Okamoto C, et al. Restitution coefficients and sticking velocities of a chondrule analogue colliding on a porous silica layer at impact velocities between 0. 1 and 80 ms-1[J]. Icarus,2012,219(1):336-344.

[73] 冯斌,孙伟,石林榕,等. 收获期马铃薯块茎碰撞恢复系数测定与影响因素分析[J]. 农业工程学报,2017,33(13):50-57.

[74] 陆永光,吴努,王冰,等. 花生荚果碰撞模型中恢复系数的测定及分析[J]. 中国农业大学学报,2016,21(8):111-118.

[75] Jr Martin C Marinack,Jasti Venkata K,Choi Y. E. ,et al. Couette grain flow experiments: The effects of the coefficient of restitution global solid fraction and materials[J]. Powder Technology,2011,211(1): 144-155.

[76] Téllez-Medina Darío I, Byrne E, Fitzpatrick J, et al. Relationship between mechanical properties and shape descriptors of granules obtained by fluidized bed wet granulation[J]. Chemical Engineering Journal,2010,164(2):425-431.

[77] Alonso-Marroquin F, Balaam-Nigel H, Gonzalez-Montellano C. Experimental and numerical determination of mechanical properties of polygonal wood particles and their flow analysis in silos[J]. Granular Matter,2013,15(6): 811-826.

[78] Grima A P,Wypych P W. Development and validation of calibration methods for discrete element modelling[J]. Granular Matter,2011,13(2):127-132.

[79] Chen H, Liu Y L, Zhao X Q, et al. Numerical investigation on angle of repose and force network from granular pile in variable gravitational environments[J]. Powder Technology,2015,283(7-8):607-617.

[80] Just S, Toschkoff G, Funke A., et al. Experimental analysis of tablet properties for discrete element modeling of an active coating process[J]. Aaps Pharmscitech, 2013, 14(1): 402-411.

[81] Suzzi D, Toschkoff G, Radl S, et al. DEM simulation of continuous tablet coating: Effects of tablet shape and fill level on inter-tablet coating variability[J]. Chemical Engineering Science, 2012, 69(1): 107-121.

[82] 韩燕龙,贾富国,唐玉荣,等. 颗粒滚动摩擦系数对堆积特性的影响[J]. 物理学报,2014,63(17):165-171.

[83] Budinski K G. An inclined plane test for the breakaway coefficient of rolling friction of rolling element bearings[J]. Wear, 2005, 259(7): 1443-1447.

[84] 崔涛,刘佳,杨丽,等. 基于高速摄像的玉米种子滚动摩擦特性试验与仿真[J]. 农业工程学报,2013,29(15):34-41.

[85] 于克强. 转轮式全混合日粮混合机混合机理分析及试验研究[D]. 哈尔滨:东北农业大学,2015.

[86] 张晓明. 有机肥颗粒热风干燥工艺及装备研究[D]. 北京:中国农业大学,2017.

[87] 阳恩勇. 回转筒中散料混合均匀性实验及离散元仿真研究[D]. 湘潭:湘潭大学,2015.

[88] 赵川. 滑坡运动特性及开挖支护边坡稳定性数值模拟研究[D]. 成都:西华大学,2016.

[89] Santos K G, Campos A V P, Oliveira O S, et al. Dem simulations of dynamic angle of repose of acerola residue: a parametric study using a response surface technique[J]. Blucher Chemical Engineering Proceedings, 2015, 1(2): 11326-11333.

[90] Chen B, Timothy D, Alan R, et al. Analysis of belt wear in bulk solids handling operations using DEM simulation[C]. Baosteel BAC, Shanghai, China, 2013.

[91] Forsström D, Jonsén P. Calibration and validation of a large scale abrasive wear model by coupling DEM-FEM: Local failure prediction from abrasive wear of tipper bodies during unloading of granular material[J]. Engineering

Failure Analysis,2016,66:274-283.

[92] 张延强．WK-75 型矿用挖掘机斗齿的磨损分析及结构改进[D]．太原:太原理工大学,2016.

[93] Jafari A,Nezhad V S. Employing DEM to study the impact of different parameters on the screening efficiency and mesh wear[J]. Powder Technology,2016,297:126-143.

[94] 吕龙飞,侯志强,廖昊．基于离散元法的立轴破转子磨损机制研究[J]．中国矿业,2016,25(z2):312-316.

[95] Lei Xu,Luo Kun,Zhao Yongzhi. Numerical prediction of wear in SAG mills based on DEM simulations[J]. Powder Technology,2018,329:353-363.

[96] Hoormazdi G,Küpferle J,Röttger A,et al. A concept for the estimation of soil-tool abrasive wear using ASTM-G65 test data[J]. International Journal of Civil Engineering,2018(12):1-9.

[97] Abbas R. A review on the wear of oil drill bits (conventional and the state of the art approaches for wear reduction and quantification) [J]. Engineering Failure Analysis,2018,90:554-584.

[98] Najafabadi A H M,Masoumi A.,Vaez-Allaei S M. Analysis of abrasive damage of iron ore pellets[J]. Powder Technology,2018,331:20-27.

[99] 张春芝,孟国营．输送机刮板链立环疲劳寿命预测方法研究[J]．煤炭科学技术,2012,40(7):62-65.

[100] 张磊,秦文光,代卫卫．刮板输送机链条疲劳可靠性寿命预测[J]．煤矿机械,2013,34(9):44-46.

[101] 郄彦辉,李玉霞,刘波,等．刮板输送机轨座的静态强度分析和疲劳寿命仿真预测研究[J]．矿山机械,2010,38(24):44-47.

[102] 刘楠．刮板输送机哑铃的疲劳寿命分析[J]．科技创新导报,2017,14(23):34-35.

[103] 赵丽娟,张倩怡．改进的 LS-SVM 理论在刮板输送机链条寿命预测中的应用[J]．计算机测量与控制,2011,19(9):2069-2071.

[104] 张永强,马宪民,杨洁．Weibull 分布中 BP 参数优化的刮板输送机可靠性寿命预测分析[J]．煤炭工程,2017,49(1):106-109.

[105] 葛世荣,索双富．抗磨可靠性寿命的加速试验与预测[J]．摩擦学学报,1995(04):368-372.

[106] Ludema K C. Mechanism-based modeling of friction and wear[J]. Wear, 1996,200(1-2):1-7.

[107] 罗荣桂．系统因磨损而引起故障的随机模型[J]．运筹与管理,1993(2):1-8.

[108] 颜钟得,谢致薇．静态磨损试验数据的数理统计分析[J]．广东工业大学学报,2007,24(1):110-112.

[109] 徐流杰,魏世忠,邢建东,等．基于多次回归分析的高钒高速钢滚动磨损模型[J]．材料热处理学报,2007,28(2):126-131.

[110] 潘冬,赵阳,李娜,等．齿轮磨损寿命预测方法[J]．哈尔滨工业大学学报,2012,44(9):29-33.

[111] 赵海鸣,舒标,夏毅敏,等．基于磨料磨损的 TBM 滚刀磨损预测研究[J]．铁道科学与工程学报,2014(4):152-158.

[112] 胡红军,黄伟九．基于 Archard 磨损模型的超细晶陶瓷刀具切削淬硬钢的寿命预测[J]．材料热处理学报,2014,35(10):204-209.

[113] 卢建军,邱明,李迎春．自润滑向心关节轴承磨损寿命模型[J]．机械工程学报,2015,51(11):56-63.

[114] 黄瑶,孙宪萍,王雷刚,等．基于 BP 神经网络的挤压模具磨损预测[J]．塑性工程学报,2006,13(2):64-66.

[115] 王文健,陈明韬,刘启跃．基于 BP 神经网络的钢轨磨损量预测[J]．润滑与密封,2007,32(12):20-22.

[116] Huang S, Li X, Gan O P. Tool wear estimation using support vector machines in ball-nose end milling[C], Annual Conference of the Prognostics and Health Management Society, Portland, USA, 2010: 1-5.

[117] 刘继伟,曾德良,蒋欣军,等．基于小波变换的磨煤机磨辊磨损趋势分量提取[J]．华北电力大学学报(自然科学版),2011,38(2):37-42.

[118] Pan Zhe Jun, Connell Luke D, Camilleri Michael, et al. Effects of matrix moisture on gas diffusion and flow in coal[J]. Fuel, 2010, 89

(11):3207-3217.

[119] Abu Bakar M Z, Majeed Y, Rostami J. Effects of rock water content on CERCHAR Abrasivity Index[J]. Wear, 2016, 368-369: 132-145.

[120] Gates J D, Gore G J, Hermand M J P, et al. The meaning of high stress abrasion and its application in white cast irons[J]. Wear, 2007, 263(1-6): 6-35.

[121] Matin S S, Hower J C, Farahzadi L, et al. Explaining relationships among various coal analyses with coal grindability index by Random Forest[J]. International Journal of Mineral Processing, 2016(155): 140-146.

[122] 蔡志丹,陈洪博. 金鸡滩煤配煤的哈氏可磨性指数的影响研究[J]. 煤质技术,2016(S1):62-64.

[123] 李建平,郑克洪,杜长龙. 煤和矸石的冲击破碎粒度分布特性[J]. 煤炭学报,2013,38(S1):54-58.

[124] 中国煤炭工业协会. GB/T 2565-2014,煤的可磨性指数测定方法哈德格罗夫法[S]. 北京:中国标准出版社,2014.

[125] S. 哈塔卡亚,徐振刚. 从两种煤的浮沉试验数据估算其可磨性[J]. 煤质技术,1999(06):37-40.

[126] 张妮妮. 煤的可磨性指数变化及破碎机理研究[D]. 杭州:浙江大学,2006.

[127] 马峰,陈华辉,潘俊艳. 煤矿综采设备的腐蚀机理及其防腐蚀措施[J]. 煤矿机械,2015,36(7):210-212.

[128] Abu B, Muhammad Z, Gertsch L S. Evaluation of saturation effects on drag pick cutting of a brittle sandstone from full scale linear cutting tests[J]. Tunnelling and Underground Space Technology, 2013, 34: 124-134.

[129] Perera M S A., Ranjith P G, Peter M. Effects of saturation medium and pressure on strength parameters of Latrobe Valley brown coal: Carbon dioxide, water and nitrogen saturations[J]. Energy, 2011, 36(12): 6941-6947.

[130] 秦虎,黄滚,王维忠. 不同含水率煤岩受压变形破坏全过程声发射特征试验研究[J]. 岩石力学与工程学报,2012,31(6):1115-1120.

[131] 李静,温鹏飞,何振嘉. 煤矸石的危害性及综合利用的研究进展[J].

煤矿机械,2017,38(11):128-130.

[132] Li J P,Du C L,Bao J W. Direct-impact of sieving coal and gangue[J]. Mining Science and Technology (China) ,2010,20(4):611-614.

[133] Yang D L,Li J P,Zheng K H,et al. Impact-crush separation characteristics of coal and gangue[J]. International Journal of Coal Preparation & Utilization,2016(2):127-134.

[134] 郭晔. 煤矸石的治理综合利用分析[J]. 资源节约与环保,2018(12):134.

[135] 曹燕杰,屈中华,王和伟. 刮板输送机链速对传动系统影响的分析[J]. 煤矿机械,2013(05):119-120.

[136] 王沅,李军霞,王季鑫. 刮板输送机中部槽冲击特性研究[J]. 工矿自动化,2016,045(004):19-23,29.

[137] 蔡柳. 煤散料在刮板输送机中部槽内的运输状态与力学行为[D]. 太原:太原理工大学,2016.

[138] Bochet B. Nouvelles recherches experimentales sur le frottement de glissement[J]. Annales des mines,1981(38):27.

[139] 克拉盖尔斯基. 摩擦磨损与润滑手册[M]. 机械工业出版社,1995.

[140] Link R E,Astakhov V P. An application of the random balance method in conjunction with the plackett-burman screening design in metal cutting tests[J]. Journal of Testing & Evaluation,2004,32(1):32-39.

[141] Krishnan S,Prapulla S G,Rajalakshmi D,et al. Screening and selection of media components for lactic acid production using Plackett-Burman design [J]. Bioprocess Engineering,1998,19(1):61-65.

[142] Son K H,Hong Sh Kwon Yk,Bae K S,et al. Production of a Ras farnesyl protein transferase inhibitor from Bacilluslicheniformis using Plackett-Burman design[J]. Biotechnology Letters,1998,20(2):149-151.

[143] Bie X M,Lu Z X,Lu F X,et al. Screening the main factors affecting extraction of the antimicrobial substance from bacillus sp. fmbJ using the plackett-burman method[J]. World Journal of Microbiology and Biotechnology, 2005,21(6-7):925-928.

[144] Umanath K, Palanikumar K, Selvamani S T. Analysis of dry sliding wear behaviour of Al6061/SiC/Al2O3 hybrid metal matrix composites[J]. Composites Part B: Engineering, 2013, 53: 159-168.

[145] Bridgeman T G, Jones J M, Williams A, et al. An investigation of the grindability of two torrefied energy crops[J]. Fuel, 2010, 89(12): 3911-3918.

[146] 张永清,陈强业. 含水量对磨料磨损的影响[J]. 上海交通大学学报, 1985(02): 34-47.

[147] 李云雁,胡传荣. 实验设计与数据处理[M]. 北京:化学工业出版社, 2008.

[148] Mammen J, Saydam S, Hagan P. A study on the effect of moisture content on rock cutting performance[C]. Coal Operators Conference, 2009: 340-347.

[149] Sapate S G, Chopde A D, Nimbalkar P M, et al. Effect of microstructure on slurry abrasion response of En-31 steel[J]. Materials & Design, 2008, 29(3): 613-621.

[150] Sinha R, Mukhopadhyay A K. Influence of particle size and load on loss of material in manganese-steel material: an experimental investigation[J]. Archives of Metallurgy and Materials, 2018, 63(1): 359-364.

[151] Bhakat A K, Mishra A K, Mishra N S. Characterization of wear and metallurgical properties for development of agricultural grade steel suitable in specific soil conditions[J]. Wear, 2007, 263(1-6): 228-233.

[152] Cozza R C, Mello JDBD, Tancka D K, et al. Relationship between test severitg and wear mode transition in mtcro-abrasive wear test, wear, 2007, 263, 111-116.

[153] 沈波涛,雷霆,方树铭,等. 粉末冶金材料的密度测定[J]. 矿冶, 2012, 21(2): 106-110.

[154] Furukawa R, Shiosaka Y, Kadota K, et al. Size-induced segregation during pharmaceutical particle die filling assessed by response surface methodology using discrete element method[J]. Journal of Drug Delivery Science & Technology, 2016, 35: 284-293.

[155] 王宪良,胡红,王庆杰,等. 基于离散元的土壤模型参数标定方法[J]. 农业机械学报,2017,48(12):78-85.

[156] Lei M,Hu J Q,Yang J G,et al. Research on parameters of EDEM simulations based on the angle of repose experiment[C]. IEEE International Conference on Computer Supported Cooperative Work in Design, Nanchang,China,2016: 570-574.

[157] 李铁军,王学文,李博,等. 基于离散元法的煤颗粒模型参数优化[J]. 中国粉体技术,2018,24(5):6-12.

[158] 李鑫,史振宇,蒋森河,等. 人工神经网络预测刀具磨损和切削力[J]. 控制理论与应用,2018,35(12):1731-1737.

[159] 邓建球,赵建忠,陈洪,等. ABC 算法优化 SVR 的磨损故障预测模型[J]. 兵工自动化,2018,37(10):60-64.

[160] 毕长波,王宇浩,马廉浩,等. 基于 GA-BP 算法的刀具磨损预测模型[J]. 组合机床与自动化加工技术,2018(10):145-146+150.

[161] 旷彩霞. 基于 BP 神经网络和 Logistic 回归的农户信用评价研究[D]. 长沙:湖南大学,2012.

[162] 杨冰融. 基于多元线性回归与 BP 神经网络的乘用车市场预测模型[D]. 武汉:华中科技大学,2017.

[163] 邓万宇,郑庆华,陈琳,等. 神经网络极速学习方法研究[J]. 计算机学报,2010,33(2):279-287.

内容简介

本书针对矿用刮板输送机中部槽磨损问题,设计中部槽磨损试验台,研究多因素耦合作用下中部槽的磨损规律及磨损机理;采用离散元仿真研究中部槽磨损,借助微观参数标定方法对不同含水率煤散料离散元仿真参数进行标定并研究参数变化规律;基于标定结果采用RecurDyn及EDEM耦合建立磨损仿真模型,研究煤的物理性质对中部槽磨损的影响;建立刮板输送机离散元磨损模型,研究矿井环境对磨损的影响;最后,基于磨损试验数据,结合机器学习算法进行中部槽磨损量预测研究。

本书可作为普通高等院校科研人员、煤矿机械设计人员以及工程技术人员的参考用书。